当李白遇见伽利略

张培华 编著

·北京·

图书在版编目（CIP）数据

当李白遇见伽利略 / 张培华编著 . —北京：化学工业出版社，2024. 6

ISBN 978-7-122-45434-8

Ⅰ. ①当…　Ⅱ. ①张…　Ⅲ. ①天文学 - 青少年读物　Ⅳ. ①P1-49

中国国家版本馆 CIP 数据核字（2024）第 074458 号

责任编辑：龚　娟　肖　冉　　装帧设计：王　婧

责任校对：杜杏然　　插　　画：胡义翔

出版发行：化学工业出版社（北京市东城区青年湖南街 13 号 邮政编码 100011）

印　　装：盛大（天津）印刷有限公司

710mm×1000mm　1/16　印张 10½　字数 100 千字

2024 年 8 月北京第 1 版第 1 次印刷

购书咨询：010-64518888　　售后服务：010-64518899

网　　址：http://www.cip.com.cn

凡购买本书，如有缺损质量问题，本社销售中心负责调换。

定　　价：68.00 元

中国古诗词中有很多精彩的语句，为我们展现出一幅幅栩栩如生的画面：壮美的山河、四季的风景、田间的生活，以及作者对人生、对世界的思考和感悟。许多诗词佳句不仅韵律美，而且还饱含情感、想象，富有哲理，值得我们反复诵读。

在学习和诵读古诗词的过程中，除了感受诗词的美妙以外，那些爱思考的同学，可能还会提出很多有趣的科学问题。

比如唐代诗人张继在《枫桥夜泊》中写道："姑苏城外寒山寺，夜半钟声到客船。"对此，有的同学就会好奇：远处寒山寺里的钟声，是如何传到江面上的客船的呢？声音究竟是如何在空气中传播的呢？当你了解了声音的传播原理后，就能理解这种现象了。

再比如南宋诗人陆游在《村居书喜》中写道：“花气袭人知骤暖，鹊声穿树喜新晴。”有的同学读到这里可能会问：为什么花的香味会和天气变暖有关呢？可能令你感到意外的是，出现这一现象的背后，其实和物理学中的分子热运动有着密不可分的关系。

古代诗人和词人通过细致入微的观察，对自然现象或事件进行了生动描写，这让我们在感受诗词艺术之美的同时，也会深入地思考：为什么会有这些现象的出现？诗词中所描绘的场景是如何形成的？……

除了此书，我们还有《当杜甫遇见爱因斯坦》《当苏东坡遇见门捷列夫》《当白居易遇见达尔文》，共四册，旨在将经典诗词中所描写的具有代表性的现象、场景或事件，用现代科学的方式进行分析和解读，并按照物理、化学、生物、天文等学科进行划分，帮助同学们由浅入深地了解这些基础学科，并掌握相关知识。

这套书还有一个有趣的部分值得同学们阅读，那就是历史上伟大科学家们探索科学的经历。你会发现，这些科学家背后的成功故事是那样精彩。你会在阅读李白的诗句时“遇见”伽利略，会在阅读杜甫诗句时“遇见”爱因斯坦……

目录

❷ 一道残阳铺水中，半江瑟瑟半江红

❸ 今夜月明人尽望，不知秋思落谁家

8 他时定是飞升去，冲破秋空一点青
——人类是如何飞到太空的？/138

1 天时人事日相催，冬至阳生春又来
——季节是如何更替的?

“天时人事日相催，冬至阳生春又来。”出自唐代诗人杜甫的《小至》一诗，全诗如下：

天时人事日相催，冬至阳生春又来。
刺绣五纹添弱线，吹葭六琯动浮灰。
岸容待腊将舒柳，山意冲寒欲放梅。
云物不殊乡国异，教儿且覆掌中杯。

【注】吹葭（jiā）六琯（guǎn）：古人将芦苇茎中的薄膜制成灰，放在玉制作的六律管内，不同节气到来时，律管里面的灰会相应地飞出来，冬至前灰飞向下，冬至后灰飞向上，由此预测时令的变化。

诗词赏析

译文：四季变换和人事兴替，好像在互相催促着，冬至过后，阳气上升，春天又会到来。绣花女添丝加线赶制迎春的新衣，律管内的灰被吹起，说明冬至已过。堤岸好像在等着腊月过去，好让柳树舒展枝条，山也会冲破寒气，让梅花开放。这里的景色和故乡的应该没有不同，就让我们斟满手中的美酒，一饮而尽。

“小至”指冬至的前一天（一说是后一天）。杜甫在这首诗的首联用了一个“催”字，就奠定了全诗愁闷的基调；颔联和颈联分别通过描写人的活动和自然景物，仿佛给人一种春天将近的喜悦；尾联诗人转而写到自己身在异乡，不由得感慨万分，于是便和儿子一起借酒浇愁。全诗围绕冬至前后的时令变化，通过叙事、写景和抒情来烘托气氛，充满着浓厚的生活情趣。

杜甫（712—770），字子美，自号少陵野老，唐代伟大的现实主义诗人，与李白合称“李杜”。杜甫出生于河南巩县（今巩义市），原籍湖北襄阳。杜甫从小就展现出非常惊人的才华，七岁就能作诗。青年时期的杜甫参加进士考试，落第后游历四方，并在途中遇到李白，两人成为好友并同游。

诗词中的哲理

据记载，《小至》作于唐大历元年（公元766年）左右，此时诗人杜甫正漂泊在夔州（今重庆奉节），在冬至已过的日子里，既欣喜于春日不久后将会到来，又感慨于自己和家人在异乡漂泊的生活，故创作了此诗。

除了思乡的感慨，从这首诗中，我们也可以通过诗人的描述感受到四季变换之快，冬去春来，日月如梭。的确，时间是我们最宝贵的财富，但如果不懂得珍惜它，科学地规划和使用它，时间就会转瞬即逝，只能留下遗憾。

冬至是我国农历二十四节气中的一个重要节气，也是传统的祭祖节日，兼具自然和人文内涵。在我国一些地区，有“冬至大如年”的说法，所以冬至也被称为“小年”。冬至一到，春天也就不远了。

我们都知道一年有春、夏、秋、冬四个季节，每个季节都有不同的天气特点。不知道你有没有想过，为什么一年有四季呢？而且为什么一天还有昼夜之分呢？这一切要从我们居住的地球说起。

地球是运动的还是静止的？

居住在地球上的我们，通常会觉得地球是静止不动的，因为无论我们坐着、站着还是躺着，都没有感到自己在运动，也不会看到周围的房子、树木在移动。但事实真的如此吗？

事实上，地球在宇宙中不是静止不动的，而是处在不断的运动之中。自转和公转是地球主要的运动形式。下面，我们就来看一看地球究竟是如何自转的。

你还记得转小球的游戏吗？把一个小球放在桌子上，用手捏着它使劲一转，小球就快速地转动起来。

其实地球的自转和转动的小球有几分相似，只是我们身处地球上，由于惯性感觉不到地球的自转。而且，自转着的地球也不是直立的。

大家都见过地球仪吧——蓝色的地球模型斜着穿在一根轴上。

那你有没有想过，为什么地球仪上的地球会是倾斜的呢？而且无论是在哪个国家和地区，使用的地球仪都是同样的倾斜角度呢？

事实上，这是由于地球的自转和公转轨道面并不平行造成的。地球围绕太阳公转，这个轨道形成的面我们称为黄道面。地球公转的同时还在自转，跟地轴垂直的赤道面与黄道面形成了 23°26' 的夹角，地轴指向了北天极。我们把地球仪放在桌子上，桌面就好比是黄道面，倾斜的地球仪就是在模拟地球真实的状态，让它的赤道面与黄道面形成 23°26' 的夹角。按照规范的操作方法，无论地球仪放在哪里，一定要让它的轴指向正北，因为在地球公转的时候，地轴始终指向北极星附近的北天极。

地球就这样斜着绕地轴自转，自转一周的时间是一天，叫作一个自转周期。地球自转的方向是自西向东。也就是说，从北极上空看，地球逆时针自转；从南极上空看，地球则成了顺时针自转。

正是由于地球自西向东自转，才产生了白天和黑夜更替，以及地球上不同地区时间的早晚不同。东边的地方先被阳光照亮，就提前进入新的一天；西边的地方则要晚一些才能到天亮，因此时间会相对于东边晚一些。当我们所处的东面天亮的时候，欧洲的小朋友们还在沉睡中呢。

说到这里，你或许会好奇，是哪位科学家发现了地球在自转呢？

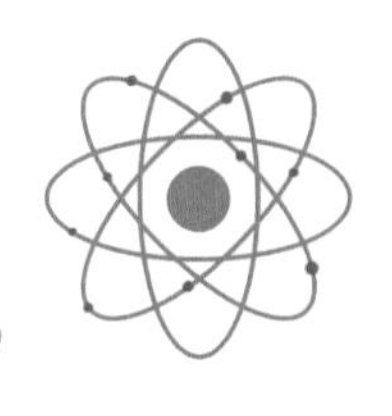

遇见科学家：傅科

在人类历史的长河中，有很长一段时间，人们都认为地球是宇宙的中心，地球是不动的，更不要说自转了。但是后来随着科学技术的发展，特别是天文观测的发展，人们开始意识到，地球并不是宇宙的中心，地球是围绕太阳在转动的。

但是除了围绕太阳转动，地球自己也会自转吗？波兰天文学家哥白尼提出了地球自转的理论，不过，如何证明这一理论的真实性呢？这个问题困扰了很多科学家，直到 19 世纪中期，法国物理学家傅科通过实验找到了答案。

傅科（1819—1868）出生于法国巴黎，早年学习医学，后转向物理学方面的实验研究。他在 1851 年做了一个验证地球自转的实验。他做了一个摆装置，摆锤为重 28 千克的铅球，摆线为长 67 米的细钢丝，将它悬挂在巴黎万神殿圆屋顶的中央，使它可以在任何方向自由摆动，摆下方地面上放着一个刻有方位的盘。

如果地球没有自转，那么这个摆锤的摆动面将保持不变；如果地球在不停地自转，则摆锤的摆动面应该发生转动。在当时，很多人围观了这次实验，并看到摆锤每摆动一次，摆锤下面的摆尖会画出约 3

毫米的移动路线，每小时摆锤的摆动方向会偏转大约 11°。

时间一点一点过去，傅科的摆锤在盘上画出了一朵盛开的“鲜花”，这说明摆锤的摆动面在发生有规律的转动，而这个实验很好地证明了地球自转的理论。

之后其他科学家也做了相似的实验，得到了大同小异的结果。人们终于确定，地球除了公转以外，也在自转。而傅科的这个著名实验的装置，也被后人称为“傅科摆”。

一年四季是如何产生的?

由于地球自转，我们有了白天和黑夜之分，但是一年四季又是如何形成的呢?

悄悄告诉你，地球可是一点不闲着，它除了自转之外，还要公转。地球绕着一根假想的轴——地轴自转，公转的时候则是绕着太阳。

在太阳系中，包括地球在内的八大行星都围着太阳公转。太阳系的结构就像一个大靶盘，如果从宇宙中俯瞰太阳系，会看到太阳大致处在靶心位置，行星的轨道就像围绕太阳的一圈一圈的“同心（椭）圆”。地球的轨道就在从圆心向外数的第三个“同心圆”的位置。这里的“同心圆”可不是正圆，事实上，地球公转的轨道是椭圆形的。

我们都知道地球上的光照来自太阳，由于地球是个近似的球体，地球上的某些地区会出现太阳直射的现象。当太阳直射北半球时，我们生活的北半球就会出现白天比黑夜长的现象。南半球的情况正好相反。

阳光直射、白昼长于黑夜，接收到的太阳光的热量就多。夏季是接收太阳光热最多的时候。相对地，当阳光斜射，白昼短于黑夜，接收的太阳光热越来越少的时候，冬季就来临了。春、夏、秋、冬四个季节就是随着光照角度的变化，造成地表接收太阳光热多少的不同产生的。

值得一提的是，南、北半球的季节是相反的，北半球的夏季恰好是南半球的冬季。然而，并不是地球上每个地方都会有四季变换的。地球上有热带、寒带和温带。热带地区常年炎热，比如热带雨林气候地区常年高温多雨，而寒带地区终年寒冷。只有温带地区才有明显的春、 夏、秋、冬四个季节，才可以欣赏到四季的美景。我们国家大部分地区处在北温带，所以大部分地区是会有季节变化的。

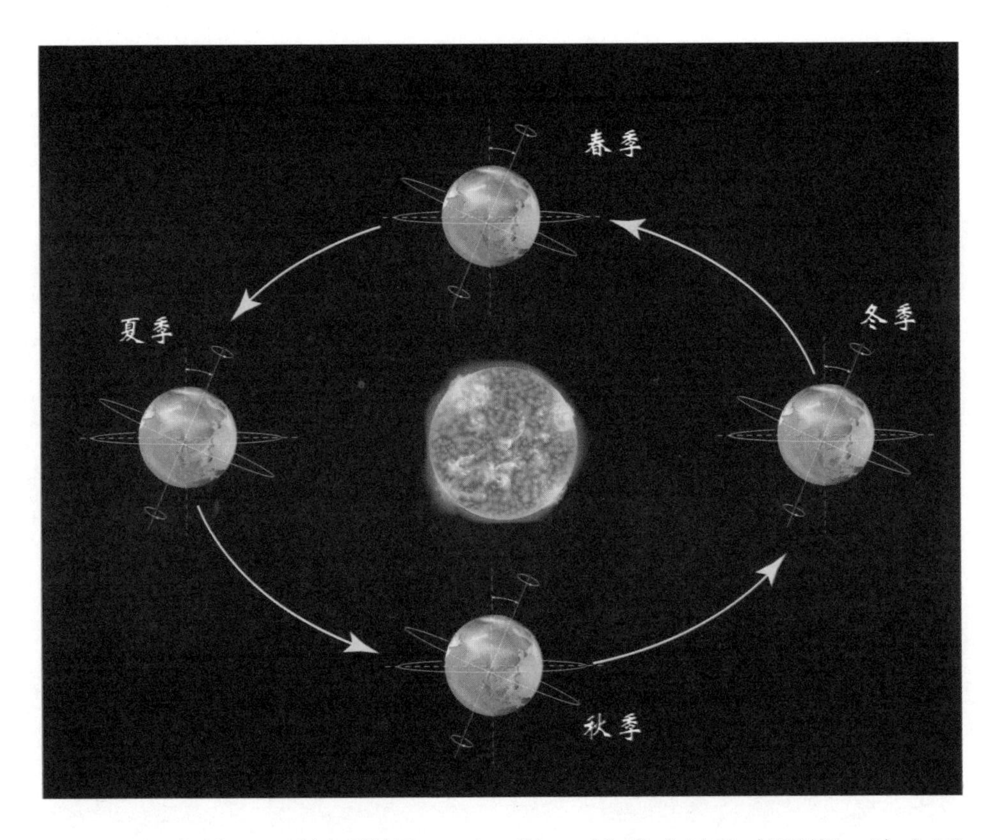

正如自转一周的周期是一天一样， 地球公转也有周期，这个周期是一年，也就是 365.24219 天。自转产生白昼和黑夜的更替，公转则产生四季变化，无论是自转还是公转，都是自西向东。

遇见科学家：哥白尼

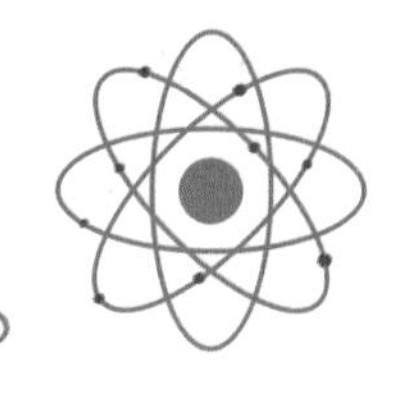

公元2世纪，古希腊有个著名的天文学家叫托勒密，他写了一本《天文学大成》，并提出了“地球是宇宙中心”的学说，被称为“地心说”。

根据托勒密的观点，地球是宇宙的中心，当时人们所能看到的天体，包括太阳在内，都在围绕地球运转。当然，我们现在都知道，托勒密的说法是不正确的。不过，受到当时科学水平的局限，以及在一些神学家的支持下，托勒密提出的“地心说”很快被大众所接受，并流传了长达1300多年。

其实，在当时的环境下，托勒密能够通过观察和思考总结出关于天文的理论，已经是极大的进步了。正因为有了他的推动，天文学开始发展起来，大量的天文观测资料被积攒起来。托勒密之后，很多天文学家都对他的理论深信不疑，但直到一个人的出现，彻底颠覆了托勒密的“地心说”。这个人就是哥白尼。

尼古拉·哥白尼（1473—1543）是文艺复兴时期波兰的天文学家、数学家。早年时，哥白尼在波兰旧都的克拉科夫大学学习医学，在此期间就对天文学产生了兴趣，并用当时学校里的“捕星器”和“三弧仪”来观察月食，研究浩瀚的星空。

哥白尼深入研究过托勒密的著作，但他发现托勒密的理论和天文观测之间有一些矛盾之处。于是，他忽然萌生了一个念头：假如地球在运行中，那么这些行星的运行看上去会是什么情况呢？

哥白尼在不同的时间、从不同的地方观察行星，发现每一颗行星的情况都不相同，这使他意识到地球不可能位于行星轨道的中心。

经过 20 年的观测，哥白尼发现唯独太阳的周年变化不明显。这意味着地球和太阳的距离始终没有改变。这说明：如果地球不是宇宙的中心，那么宇宙的中心就是太阳。

约在 1514 年，哥白尼发表论文，提出地球只是引力中心和月球轨道的中心，并不是宇宙的中心；人们看到的太阳运动、行星视运动（“顺行—留—逆行—留”的不断循环），都不是它本身运动产生的，而是地球运动引起的。

哥白尼还描述了太阳、月球、两颗内行星（金星、水星）和三颗外行星（土星、木星和火星）的视运动。哥白尼科学地阐明了天体运行的现象，并推翻了长期以来居于统治地位的“地心说”，并

从根本上否定了神学家们或教会关于上帝创造一切的理论，从而使天文学产生了根本变革。

尽管哥白尼的发现是正确的，但在当时的社会环境下，他的观点不断受到教会、大学等机构和天文学家的蔑视和嘲笑。而60年后，天文学家约翰尼斯·开普勒和伽利略·伽利雷证明了哥白尼是对的。

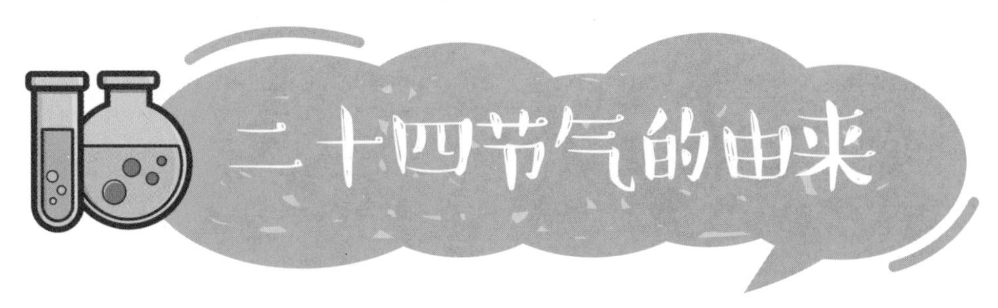

二十四节气的由来

“冬至阳生春又来”中的冬至，是农历二十四节气中一个节气。到了冬至，意味着一年中最冷的日子就要到来了，不过同时也意味着人们离新一年的春天不远了。

二十四节气起源于黄河流域，是上古农耕文明的产物，蕴含了中华民族悠久的文化内涵和历史积淀。它最初是依据斗转星移制定，古人根据北斗七星在夜空中的指向，指导农业生产不误时节。时至今日，仍在农业生产中起一定的作用。

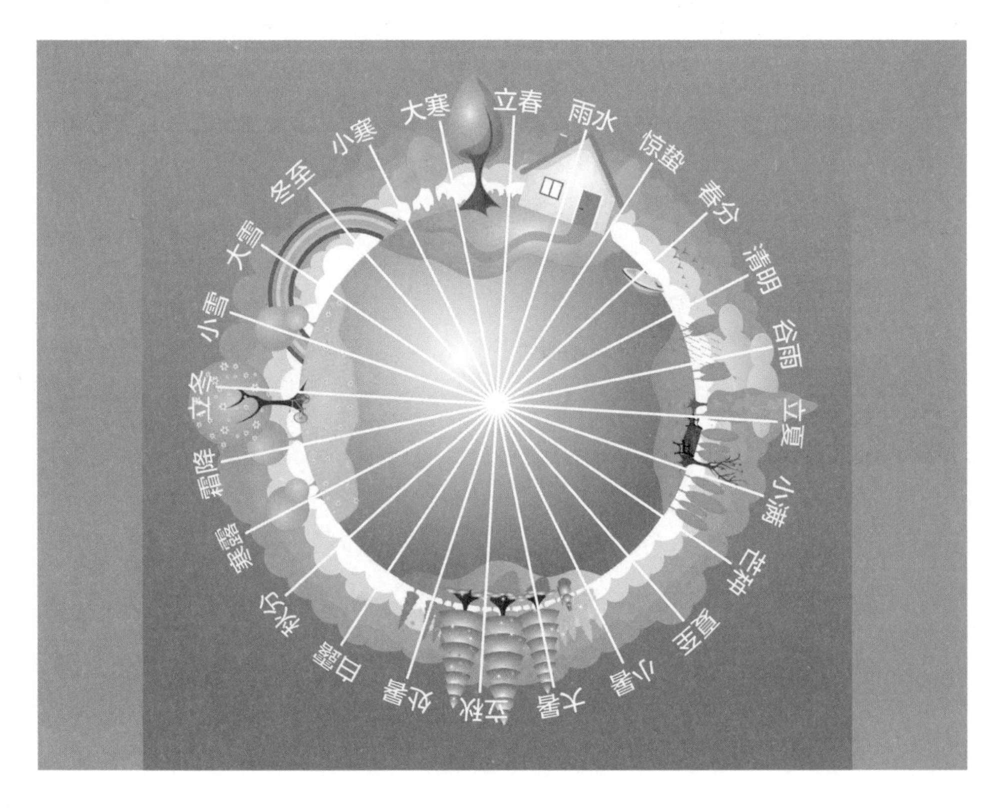

根据文献记载，早在商代，人们就定出仲春、仲夏、仲秋和仲冬等四个节气。以后不断地改进与完善，到了秦汉年间，二十四节气已完全确立。西汉太初元年（公元前 104 年）实施的《太初历》正式把二十四节气定于历法，明确了二十四节气的天文位置。而现行的二十四节气依据太阳黄经度数划分的方法，自 1645 年起沿用至今。

具体来说，二十四节气包括：

春季的六个节气：立春、雨水、惊蛰、春分、清明、谷雨。

夏季的六个节气：立夏、小满、芒种、夏至、小暑、大暑。

秋季的六个节气：立秋、处暑、白露、秋分、寒露、霜降。

冬季的六个节气：立冬、小雪、大雪、冬至、小寒、大寒。

不同的节气对于人们的生活和劳作有重要的指导意义。比如：立春（通常在每年公历的 2 月 4 日前后）一到，标志着春天到来，此时大地万物呈现复苏的状态，人们户外活动增多，农民们也可以开始为春耕作准备了。

再比如诗中提到的冬至（通常在每年公历的 12 月 22 日前后），是一年当中白昼时间最短的一天，冬至过后白昼开始增加，不过气温会进一步降低，到了大寒，就相当于到了一年当中最冷的时节，此时人们应该注意添衣保暖，并相应地减少户外活动。

那么，说到这里，你知道哪个节气的平均气温最高，哪两个节气昼夜等长吗？你可以试着自己去寻找一下答案。

地球在宇宙中的什么位置？

一年当中，四季交替以及二十四节气的变换，都和地球的运动有关。那么说到这里，有的同学可能会想，我们的地球在宇宙当中究竟处于什么位置呢？

500 多年前，天文学家哥白尼通过观察和总结推翻了托勒密的说法，得出了地球和其他行星在围绕太阳运动的结论，取得了天文学上的重要突破。随着科学技术的不断发展，今天的人们已经发现，地球只是宇宙中无数星球中的一个星球。科学家们把地球周围的宇宙区域按照星系进行了大致的划分，地球位于银河系中的太阳系里。

我们在夏天晴朗的夜空中会看到一条由无数颗亮星组成的星河，它是银河系的一部分在天空中的投影。

太阳系是银河系中一个小的天体系统。在太阳系中，地球又处在什么位置呢？太阳系是由太阳、行星及其卫星、矮行星、小行星等天体组成的，地球是太阳系八大行星之一。

如果按照和太阳之间的距离远近来排序的话，地球是距离太阳第三近的行星，位于水星和金星之后。从体积上来看，地球在太阳系行星中只能排第五。

此外，正是由于地球和太阳的距离适中，才使得地球上的温度不会过高或过低，保证了生命能够不断繁衍生息。

关于二十四节气的古诗词

在古代，二十四节气关系到农民们的劳作安排，而那些善于观察的文人墨客，留下了很多与节气有关的经典诗词：

《清明》

唐 杜牧

清明时节雨纷纷，
路上行人欲断魂。
借问酒家何处有？
牧童遥指杏花村。

《五绝·小满》

宋 欧阳修

夜莺啼绿柳，
皓（hào）月醒长空。
最爱垄头麦，
迎风笑落红。

《春夜喜雨》

唐 杜甫

好雨知时节，当春乃发生。
随风潜入夜，润物细无声。
野径云俱黑，江船火独明。
晓看红湿处，花重锦官城。

《入云门小憩（qì）五云桥》

宋 陆游

谷雨初过换夹衣，园林零落到蔷（qiáng）薇。
鸣鸠（jiū）日暖遥相应，雏（chú）燕风柔渐独飞。
台省（shěng）多才吾辈拙，江湖久客暮年归。
云门蹋（tà）月方清绝，且倚溪桥看夕霏（fēi）。

《白露》

唐 杜甫

白露团甘子，清晨散马蹄。
圃（pǔ）开连石树，船渡入江溪。
凭几（jī）看鱼乐，回鞭急鸟栖（qī）。
渐知秋实美，幽径恐多蹊（xī）。

《咏廿（niàn）四气诗·秋分八月中》

唐 元稹（zhěn）

琴弹南吕调，风色已高清。
云散飘飖（yáo）影，雷收振怒声。
乾（qián）坤（kūn）能静肃，寒暑喜均平。
忽见新来雁，人心敢不惊？

《立冬日作》

宋 陆游

室小才容膝，墙低仅及肩。

方过授衣月，又遇始裘（qiú）天。

寸积篝（gōu）炉炭，铢（zhū）称布被绵。

平生师陋巷，随处一欣然。

你知道上面这几首诗词，分别与哪些节气有关吗？

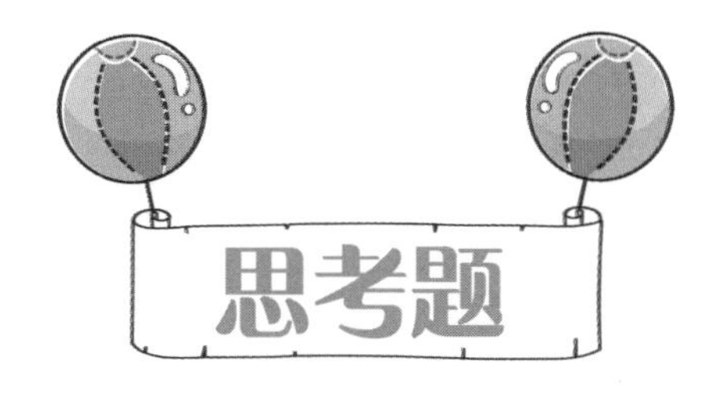

1. 作为地球南北半球的分界线，赤道一圈的长度超过 40075 千米，那么请你算一下，地球自转时，赤道上物体每小时移动多少米？每分钟是多少米？

2. 地球绕太阳公转的速度大约可以达到 10 万千米每小时，这么快的速度，在地球上的我们为何感觉不到呢？

2 一道残阳铺水中，半江瑟瑟半江红

——太阳是什么颜色的？

“一道残阳铺水中，半江瑟瑟半江红。”出自唐代诗人白居易的《暮江吟》一诗，全诗为：

一道残阳铺水中，半江瑟瑟半江红。

可怜九月初三夜，露似真珠月似弓。

诗词赏析

译文：傍晚时分，夕阳倒映在江面上，晚霞斜映，一半的江水是碧绿色，另一半则好像被染成了红色。最惹人喜爱的是那农历九月初三之夜，露珠好似珍珠一样，月牙形如弯弓。

短短一首《暮江吟》仅有四句，却勾勒出两幅不同时间的美景，一幅是夕阳西下、晚霞映江的绚丽景色，另一幅是弯月初升、露珠晶莹的美妙月色。全诗充满了想象力和艺术创造力，比喻生动，不失为写景诗歌中的佳作。

诗人小档案

白居易

白居易（772—846），字乐天，晚年号香山居士，又号醉吟先生，生于郑州新郑（今属河南），是唐代著名的现实主义诗人，也是唐代三大诗人之一。白居易的诗歌题材广泛，形式多样，语言平易通俗，有“诗魔”和“诗王”之称。

诗词中的哲理

据记载，这首诗大约创作于公元822年，是白居易赴杭州任刺史的途中所写。这一时期为唐中期，受到安史之乱的影响，唐朝由盛转衰，朝廷政治昏暗，党派之争激烈，白居易品尽了朝官的滋味，自求离开朝廷到地方任职。离开朝廷后，白居易顿感轻松惬意，便创作了此诗。从诗中，我们也能感受到诗人喜悦、轻松之情。

白居易最难能可贵的是，他并没有在朝廷中为了仕途而同流合污。正所谓“出淤泥而不染”，在恶劣、复杂的环境下，白居易依然能够保持高尚的品格。这一点，的确值得我们每个人学习。

《暮江吟》中描绘出夕阳西下，晚霞将江水染红的景象，水面波光粼粼，颜色绚丽多彩，不知道这样的美景你是否遇到过呢？

太阳东升西落，周而复始，为地球带来了光明和温暖，难怪人们都喜欢赞美太阳。不过，有人形容太阳为“金色”，有人形容它为“火红”。那么问题来了，太阳到底是什么颜色？它又是一个怎样的星球呢？

太阳为什么能发光发热?

从清晨的第一缕阳光开始，我们就能感觉到太阳提供的光和热。那太阳为什么会发光发热呢?

太阳是个燃烧着的大火球，它持续不断地在发光发热。它的光芒时时刻刻都照耀着地球，夜晚的时候我们感受不到，是因为这时，我们所在的区域太阳照不到。所以，并不是太阳下山了它就不亮了，其实这个时候，另一半地球上的人们正在享受着阳光呢。

太阳之所以会发光发热，是因为太阳主要是由氢组成的，占全部质量的 73% 左右。在太阳内部高温高压的条件下，氢原子会发生“热核反应”聚变为氦原子。在这个反应过程中，损失的质量转变成为能量，释放出大量热量。这种“热核反应”和氢弹爆炸较为相似，能不断释放能量，散发出光和热。

像太阳这样能发光发热的星球，在宇宙中并不少见，我们称之为恒星。恒星是由发光等离子体构成的巨型球体，主要由氢、氦组成，同时还包含微量的氧、碳、氮等元素。天气晴好的晚上，夜幕中总镶嵌着无数的光点，这其中除了少数行星，绝大多数都是恒星。

天文学家估计，仅在银河系中就有 1000 亿 ~4000 亿颗恒星，我们在夜晚能看到的恒星，几乎都处于银河系内。而大多数的恒星离我们地球比较远，太阳是离我们最近的恒星，所以它是我们能看到的最大最亮的天体。

太阳的直径大约是 139.2 万千米，约是地球直径的 109 倍。太阳的质量大约是 1.9891×10^{30} 千克，大约四分之三是氢，其次是氦，而氧、碳、氖、铁和其他重元素质量占比少于 2%。

虽然太阳是个热气体球，却是太阳系中最“重”的天体，其质量约占太阳系总质量的 99.86%。太阳系中的大行星、矮行星、小行星、彗星、流星体以及星际尘埃等天体，都围绕着太阳运行（公转）。

我们的地球围绕太阳公转的轨道是椭圆形的，每年 7 月离太阳最远，1 月最近，平均距离是 1.496 亿千米。太阳光中的能量通过光合作用等方式支持着地球上生物的生长，也调控着地球的气候和天气。

太阳究竟是什么颜色？

在古代诗词中，描写阳光的诗句可真是不胜枚举，例如王之涣的“白日依山尽，黄河入海流”、白居易的“曈曈太阳如火色，上行千里下一刻”，以及我们开头提到的“一道残阳铺水中，半江瑟瑟半江红”。

相信同学们可能也有这样的经验，清晨时，太阳看起来是红黄色的，中午又变成白色，傍晚变成红黄色。太阳的颜色用肉眼看起来如此多变，那么，它到底是什么颜色的呢？

如果问国际空间站的宇航员太阳是什么颜色的，他们一定会说是“雪白雪白”的，这个答案让地球上的我们大吃一惊。

不过，太阳的确在宇宙中看起来是白色的，这是因为太阳光包含了所有不同波长的可见光，光谱中所有可见光的混合是白光。如果你用三棱镜分解太阳光，就可以看到完整的光谱中的色光：红、橙、黄、绿、蓝、靛、紫。因此从宇宙或者空间站的视角直接看太阳，通常会看到一个高亮的“白色光团”。

但在地球上，由于大气层的存在，太阳光中波长较短的紫外线和蓝光会被大气层散射，有较大的损失，而波长较长的红黄光则容易穿透大气层，于是我们就看到了红黄色的太阳，以及蓝色的天空。

遇见科学家：伽利略

哥白尼在1514年左右提出了“日心说”。在当时，这种说法受到了很多人的否定，特别是当权者的反对。但人类寻求真理的脚步并没有停下来，一位名叫伽利略·伽利雷的科学家站了出来。

伽利略（1564—1642）出生在意大利的比萨古城，也就是比萨斜塔所在的城市。他在家庭的影响下进入比萨大学学习医学，但是从小喜欢机械和数学的伽利略对自然科学更感兴趣，他独自钻研古希腊的科学著作，并进行实验。后来，家庭的变故让伽利略无法继续在大学学习，他只能中途离开了大学。

离开大学的伽利略并没有放弃对科学的追求，他反而更努力地攻读科学著作，一边做实验，一边发表论文，并搞发明创造。他的努力引起了科学界的注意，在25岁时被邀请到大学教授数学。

伽利略对力学的研究非常深入，他通过实验提出了著名的惯性定律。据他的学生记载，他曾在比萨斜塔上做了一个著名的实验——让两个质量不一样的小球从同一高度落到地面上。在此实验之前，人们深信亚里士多德提出的“物体质量越大，下落速度越快”的理论，但伽利略的实验表明如忽略空气阻力，物体下落的速度和它的重量无关。伽利略还利用热力学原理，发明了温度计。

1609 年，伽利略偶然听到别人谈论，一位荷兰商人用重叠的两块镜片能看到远方的物体，这让他感到十分兴奋。于是他立即动手制作由不同镜片组成的观测设备，取名为望远镜。经过努力，他制作了一台放大倍数可达 32 倍的望远镜，并开始用它观测天空。

伽利略制作出望远镜的消息轰动了当时的欧洲，而伽利略更关注的是对宇宙中天体的探索。他是第一个看清月球表面的人，也是第一个看到木星卫星的人。伽利略发现木星有四颗明亮卫星在围绕木星转动，这从根本上动摇了地心说的根基。地心说认为，一切天体都在围绕地球转动。

他对太阳的观察也改变了人们的认知。在伽利略之前，人们普遍认为太阳是一个完美的、没有瑕疵的天体，但是伽利略通过自制的望远镜观察并记录到了太阳黑子的变化，并且从太阳黑子缓慢移动的周期性变化中，伽利略推断出太阳在自转。

伽利略对太阳的观察可以说是具有里程碑式的意义，但是用望远镜直接看太阳是危险的做法。尽管伽利略选择在早晚太阳并不刺眼的时间进行观测，依然患上了眼疾，在晚年时陷入了失明。更令人感到悲伤的是，尊重科学和真理的伽利略，在 1613 年出版了关于太阳黑子的一本书，根据自己的研究结果支持哥白尼的“日心说”，这一说法触怒了当时的罗马教廷，他也因此逐渐失去了自由。

可以说，伽利略是第一个把望远镜用于天文观测的人，也是第一个以观测结果为依据推翻“地心说”的人，还是第一个深入观测月球并深入研究太阳的人。他在人类思想解放和文明发展的过程中，作出了划时代的贡献，成为伟大的物理学家和天文学家及近代实验科学的奠基人。

太阳也在公转吗?

我们经常说到“太阳系”这个词，那么什么是太阳系？太阳系是以太阳为中心，包含所有受到太阳重力约束的天体的集合体。

从广义上来说，太阳系的领域很庞大，包括太阳、4 颗类地行星、以岩石和金属为主的小天体组成的小行星带、4 颗充满气体的巨大外行星、至少 180 颗已知的卫星、5 颗已经辨认出来的矮行星、彗星、流星体及行星际物质。

太阳系中的 8 颗行星，距离太阳由近及远分别是水星、金星、地球、火星、木星、土星、天王星和海王星，其中有 6 颗行星有天

然卫星环绕。

太阳系中的 5 颗矮行星分别是冥王星、谷神星、阋神星、妊神星和鸟神星。太阳系中的小天体包括小行星、柯伊伯带的天体、彗星等。

在太阳系中，地球和其他所有的行星都一边自转，一边绕着太阳公转。太阳是不是在自转的同时，也公转呢？

答案是肯定的！太阳不仅会自转，也会公转。太阳是银河系较典型的恒星，位于银河系银道面以北的本地旋臂上，离星系中心大约 2.5 万至 3 万光年。

它率领着整个太阳系，以 240 千米每秒左右的速度，绕着银河系中心公转。银河系中心可能有巨大的黑洞，但是黑洞周围布满了恒星，所以看上去就像一个“银盘”，这个黑洞就是“银核”，这些恒星都围绕“银核”公转。与地球公转不同，这些恒星公转一周，就会距离“银核”更近一点。

据科学家计算，太阳绕银河系中心公转一周需要约 2.2 亿年，

它在围绕银河系中心公转的同时，带领着自己的行星，以约 20 千米每秒的速度向武仙座方向飞奔过去。不光是太阳和太阳系会公转，无数个像太阳系一样的星系都围绕着银河系的中心公转。

诗词加油站

描写太阳的古诗词

正如我们前面所说，中国古代诗词中有很多经典的关于太阳的描写。下面这几首，你读过吗？

《别董大·其一》
唐 高适

千里黄云白日曛（xūn），
北风吹雁雪纷纷。
莫愁前路无知己，
天下谁人不识君？

《忆江南·其一》
唐 白居易

江南好，风景旧曾谙（ān）。
日出江花红胜火，
春来江水绿如蓝。
能不忆江南？

《使至塞上》

唐 王维

单车欲问边，属国过居延。

征蓬出汉塞（sài），归雁入胡天。

大漠孤烟直，长河落日圆。

萧关逢候（hòu）骑（jì），都（dū）护在燕（yān）然。

《春日》

宋 朱熹

胜日寻芳泗（sì）水滨，无边光景一时新。

等闲识得东风面，万紫千红总是春。

《乐游原》

唐 李商隐

向晚意不适，

驱车登古原。

夕阳无限好，

只是近黄昏。

《集灵台·其一》

唐 张祜（hù）

日光斜照集灵台，

红树花迎晓露开。

昨夜上皇新授箓（lù），

太真含笑入帘来。

上面这些诗词，既有对日出的描写，也有对日落的描写，其中哪一首是你最喜欢的呢？

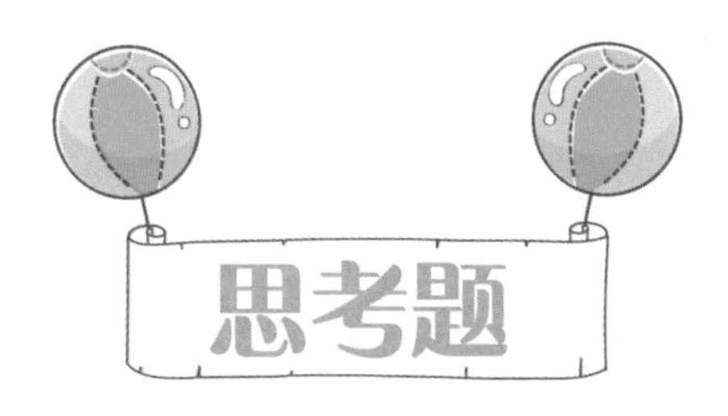

1. 光的传播速度约 30 万千米每秒，那么以此计算，太阳表面发出的光，多长时间到达地球呢？

2. 研究发现，太阳黑子多的年份，树木生长得更快、更好，而太阳黑子少的年份树木生长得很缓慢。请你试着分析一下其中的原因。

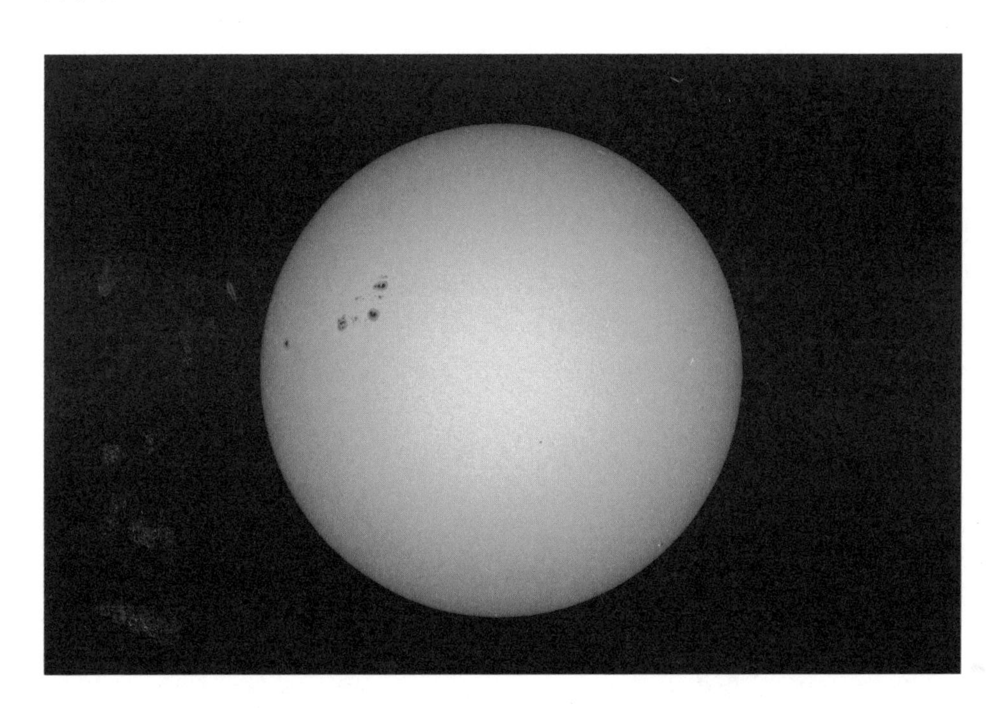

3 今夜月明人尽望，不知秋思落谁家

——为何人们在中秋赏月？

“今夜月明人尽望，不知秋思落谁家。”出自唐代诗人王建的《十五夜望月寄杜郎中》，全诗为：

中庭地白树栖鸦，冷露无声湿桂花。

今夜月明人尽望，不知秋思落谁家。

诗词赏析

译文：月光洒落在庭院，地面雪白一片，树上栖息着寒鸦，而秋天的露水悄悄地打湿了庭院中的桂花。今天晚上，人们都在忙着赏月，也不知道这秋天的思念落到了谁的家中。

在诸多咏月的诗词中，这首是较为出名的一首。前两句描写了月色之美，语言颇为细腻，画面很是生动形象；后两句则表达出望月怀人的心情，韵味十足，让读者很容易产生共鸣。

王建（约767—约830），字仲初，许川（今河南许昌）人，唐代诗人。据记载，王建出身寒微，曾一度从军，约46岁开始为官，曾任昭应县丞、太常寺丞等职，晚年任职陕州司马，所以也被称为王司马。

诗词中的哲理

从诗题来看，这是王建在中秋佳节写给友人杜郎中的一首诗，郎中是古代的一种官职。这首诗既描绘了中秋月夜之美，又表达出对友人的怀念，意境优美，感情真挚，足可见杜郎中和王建的友情十分深厚。

人生在世，除了自己和亲人以外，朋友也是我们的一笔宝贵的财富。有了朋友，我们会觉得自己并不孤单，遇到困难时可以找朋友帮助，难过的时候也会有朋友来安慰，所以真正的好朋友是值得我们好好珍惜的。

自古至今，有很多著名的咏月诗词，例如张九龄的“海上生明月，天涯共此时”，杜甫的“露从今夜白，月是故乡明”，李商隐的“沧海月明珠有泪，蓝田日暖玉生烟”等。你还能说出哪些和月亮有关的古诗词？

每到农历八月十五，我们和家人一起赏月，看到夜空中那皎洁的圆月时，你是否会好奇，月亮为什么有时候是圆圆的，有时候却是弯弯的呢？这就要从月球和地球的关系说起了。

为什么月球没有飘走呢?

“中秋把酒对嫦娥，处处团圆天下悦”，你听过嫦娥奔月、吴刚伐桂等和月亮有关的神话故事吗?

其实，月亮就是我们平时所说的月球，它是距离我们地球最近的天体，是我们在太空的邻居，更是地球唯一的天然卫星，亿万年以来它都兢兢业业地沿着那椭圆形的轨道绕地球公转，不离不弃。很多同学不禁要问：为什么月球没有飘走或落下来呢?

月球与地球之间的平均距离约为 384401 千米，差不多相当于绕着地球的赤道走 9 圈半。月球之所以能长久地和地球保持着这“若即若离”的状态，是因为受到了平衡力的作用。首先，月球受到了地球的引力，物理学上称为万有引力，万有引力提供了月球绕地球旋转所需的向心力。这个力的作用效果就像是绳子一样，把月球拉向地球。那么为什么月球没有飞向地球呢？

这就不得不说到另一个平衡力——离心力。离心力是一个虚拟的力，是惯性的一种表现形式。比如我们用绳子拴着一个小球转圈，手会感觉到有一个力在向外拉，这个力就是离心力。

圆周运动

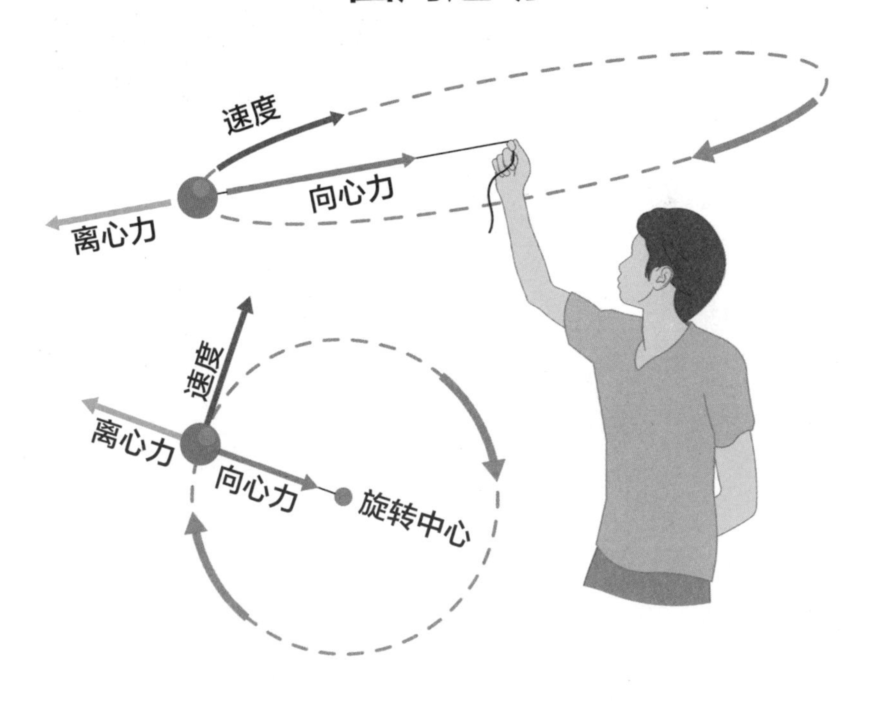

总之，月球受到了一个背离地球的离心力和朝向地球的向心力。受到这两种力的作用，月球自然也就“稳稳”地伴地球运转。

遇见科学家：牛顿

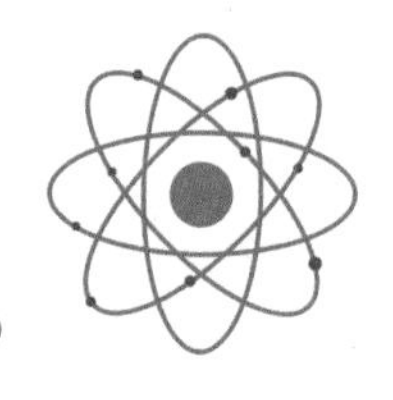

前面我们说到，地球和月球之间存在着万有引力，这也是为什么月球能够围绕地球公转的原因。说到万有引力的发现，这里不得不提到很多同学都熟知的大科学家牛顿了。

艾萨克·牛顿（1643—1727），曾任英国皇家学会会长，英国著名的物理学家、数学家、天文学家，著有《自然哲学的数学原理》《光学》等，而他最著名的成就之一，就是发现了万有引力定律。

牛顿出生在英格兰林肯郡乡下一个不太富裕的家庭里，但是他很喜欢读书，特别是对几何学、天文学都很痴迷，也很喜欢动手制作一些奇奇怪怪的小玩意，例如用老鼠驱动的小磨坊，能够自动滴水的水钟等。

上了中学之后，因为家庭贫困的原因，牛顿被迫退学在家务农。但是这反而更激发了他对知识的渴望，一有时间他便坐在草垛旁看书。牛顿的舅舅注意到了这一点，他被牛顿的好学精神深深打动，便去劝说牛顿的母亲支持牛顿继续上学。

就这样，牛顿又得以再次回到中学继续学习，并成了学校里学习最出色的学生。最终牛顿进入剑桥大学深造，并开始在科学领域创造出各种伟大的成就。1665 年，也就是牛顿 22 岁时，他就发现了二项式定理，并在前人研究的基础上，推动了微积分学的广泛应用。他还在对光的研究中，发现了自然光的组成。

当然，我们都知道，牛顿不仅发展总结出了物体运动的三大定律，而且还发现了万有引力，他 1713 年在《自然哲学的数学原理》（第二版）上正式提出了万有引力定律。

万有引力定律简单来说，就是两个物体间引力的大小与两物体质量的乘积成正比，与两物体间距离的平方成反比。也就是说两个物体的质量越大，距离越近，它们之间的引力也就越大。

举个生活中最常见的例子，我们每次跳起来都会回到地面，扔出去的东西也会回到地面，其实背后都是地球与地面上的人或物体存在万有引力的关系。而在天体物理学当中，星体之间也会因为万有引力的存在，而影响相互运动。

比如我们前面说到的月球，由于地球对它的引力，月球围绕地球进行公转，与此同时，月球也会对地球产生同样大小、方向相反的引力，表现最为明显的是海洋的潮汐现象。

涨潮和退潮看上去像是地球上发生的一种海洋现象，但其实它的背后，和月球、太阳的引力都有关系。潮汐现象主要随月球的运动而变化，也受纬度、海的地形和深度影响。白昼的高潮称“潮”，夜间的称“汐”。

我国东汉时期的著名哲学家王充，在他的著作《论衡》中就提出“涛之起也，随月盛衰”，这是人类第一次明确地指出潮汐的产生与月亮的运行有关。只不过，牛顿发现的万有引力定律，让我们看到了潮汐现象背后的根本成因——万有引力。

为什么月有“阴晴圆缺”？

你听过“人有悲欢离合，月有阴晴圆缺，此事古难全”这句词吗？这句词出自宋代著名文学家苏轼的《水调歌头·明月几时有》。从这句词中，我们可以知道，古人早就注意到月有阴晴圆缺的转换，不可能永远是一轮明月挂在空中。那么，月亮为什么会有阴晴圆缺呢？

月球的阴晴圆缺称为月相变化，也称为盈亏。月球的月相变化是有一定规律的——农历初一是看不到月球的，被称为“朔”，又称“新月”；到初七或初八的时候，我们就已经可以看到半个月球，这半个月球一定是东边暗，西边亮，被称为“上弦月”；到农历十五左右，满满的一轮明月高挂在夜空，此时我们称为“望”，或称“满

月”；到了农历二十二左右，我们就又能看到半边月球高挂在星空了，只不过此时的月球是东边亮，西边暗，被称为“下弦月”……周而复始，一个周期正好是一个阴历月，很准的哦！

其实月球的圆缺变化并不神秘，因为月球本身不发光，只是反射太阳光，所以我们看到的月相变化和月球、地球、太阳三者的相对位置变化有关。初一的时候，月球运动到了太阳和地球的中间位置，我们面对的是月球上不受光照的一面，自然也就看不到月球，此时为“朔”；之后月球不断运动，它面对地球这一面受光照面积越变越大，于是在地球上的我们便看到月球从一个“小月牙”变、变、变，变成了“半月”，也就是“上弦月”；农历十五前后，月球运动到了地球相对太阳的另一面，我们看到的整个月球被照亮，我们便看到了“满月”；随后，月球接着转动，又慢慢有了一半背光面面对地球，“下弦月”便出现了……

看到这里，相信你明白为何“月有阴晴圆缺”了吧。

天狗为什么要“吃”月亮？

月食是少数不借助仪器就可直接观赏的天文现象之一，但大多数人对它并不是很了解，甚至还和“月有阴晴圆缺”混在一起，所以这里就给同学们讲讲月食的知识。

在天文学尚处在萌芽阶段的时候，月食对人们来说可是十分神秘的存在！在我国古代，人们便认为月食是“天狗在吃月亮”。为了保卫月亮，每逢月食，所有人都会敲锣打鼓地上街意欲吓跑“天狗”。几个时辰之后月食结束，一场轰轰烈烈的“月亮保卫战”才宣告结束。

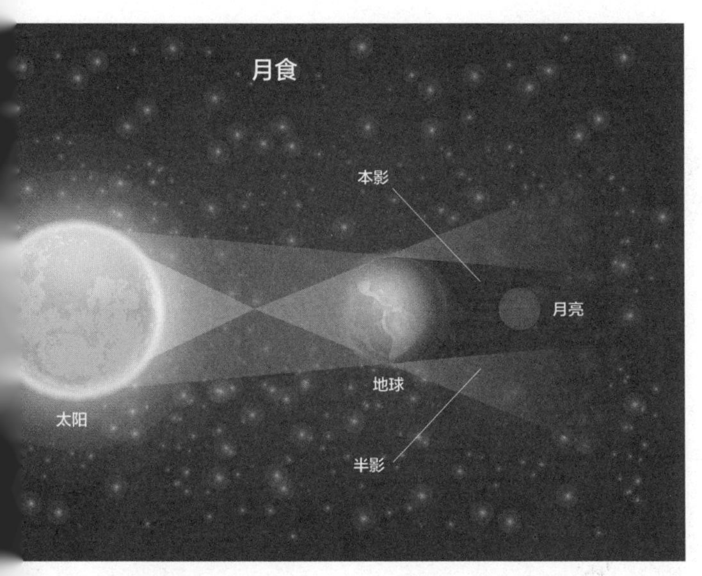

我们前面所讲的“阴晴圆缺”和月食并不是一回事，前者指的是一个月内月亮的月相变化，它的变化较月食来说较为缓慢。

月食是一种特殊却并不罕见的天文现象，当月球运行到地球相对太阳的另一面时，地球处在日月之间，我们看到月球被太阳照亮，就是满月，此时三者不在一条直线上，只有月球运行到月轨和地轨平面的交界线附近，又逢望日（农历十五或十六），三者正好或近于一条直线时地球会挡住全部或部分照向月球的太阳光，于是地球背面的人便会看到圆圆的月球消失或突然少了一块，甚至变成了红色！随着月球继续公转，一段时间之后（一般为几个小时），月亮就会圆润如初，月食也就结束了。具体来说，月食大体可以分为以下三种。

第一种是月全食。此时太阳、地球、月球在一条直线上，地球在中间，整个月球全部进入地球的本影区里，此时月球表面一般会形成暗红色。

第二种是月偏食。月球在围绕地球公转时，部分被地球的本影区遮住，此时月球会呈现一部分是白色、白黄色，另一部分一般肉眼不可见。

第三种是半影月食。此时月球只是掠过地球的半影区，月球表面的亮度轻微减弱，肉眼很难觉察。

为什么人们看不到月球的背面？

人们在地球上观察月球的时候，不难发现月球上的景色似乎是不会变化的。月球总是向地球人展示固定的一面，“藏”起另一面，仿佛不愿意让我们窥探它的全部面貌。为什么我们永远只能看到月球的一面呢？

有些人认为，这是由于月球只绕着地球公转，并不自转，所以我们永远只能看到月球的一面。但事实并非如此。

月球始终在绕着它自己的自转轴转动。之所以我们不能看到它的背面，是月球绕地球公转周期与月球自转周期非常巧合地同步所造成的结果。月球绕地球一周的公转时间，按地球上的日期来计算大约是 27.32 天。同时，月球本身进行自转的周期也是 27.32 天！这个惊天的巧合意味着什么呢？

月相的变化

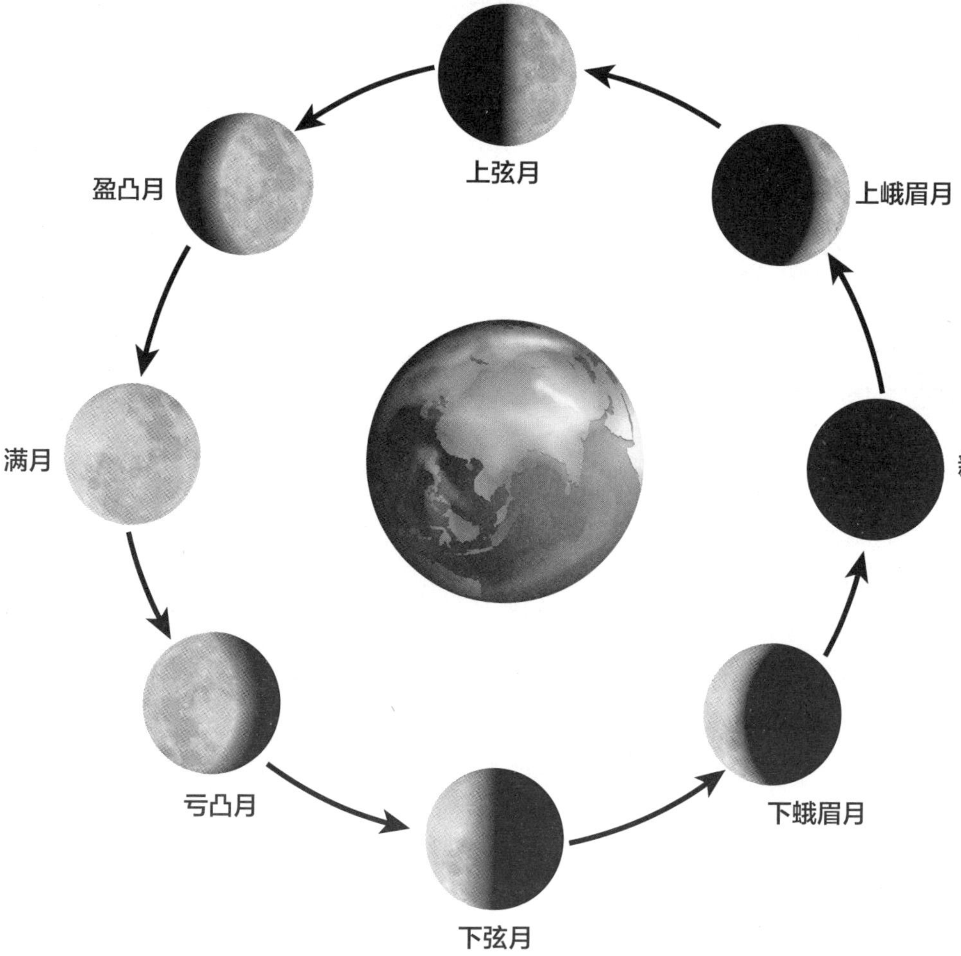

上弦月
盈凸月
上峨眉月
满月
新月
亏凸月
下蛾眉月
下弦月

形象地说月球就像是一个调皮的孩子，它环绕地球公转本来是应该一步步展现自己的全貌，但由于绕地球公转和自转的周期相同，导致它好像一直在小心翼翼地调整着自己的姿态，永远都保持着自己的同一面朝向地球。

我们将月球一直朝向我们的面称为正面，而它一直“刻意”隐藏的那面我们则称为月球的背面。

环形山是如何形成的?

在关于月球的各种介绍中，环形山算是我们听过的月球上最常见的地形之一了。那么究竟什么是环形山呢?

“环形山”这个称谓最初是由伽利略提出来的，它以极其密集的分布形态成为月球地貌的一个标签。据不完全统计，直径不小于 1000 米的环形山在月球上超过了 33000 个！而直径小于 1000 米的小型坑洞更是数不胜数。环形山的直径跨度也十分惊人，最小的环形“山”只有几十厘米，而最大的贝利环形山的直径则达到了约 295 千米，甚至比我们的海南岛还要大上一号！

那么，这些环形山是怎么样形成的呢?

目前科学界主要有两种说法——“撞击说”和“火山论”。“撞击说”认为遍布月球表面的环形山是由大大小小的陨石撞击月球形成的。月球没有大气层的保护，要形成如此密集的环形山对数十亿年中路过的陨石来说似乎并非什么难事。

“火山论”则认为环形山主要是由月球形成初期表面活跃异常的火山喷发造成的。当时月球上的火山喷发就像地球上下雨一般常见，形成这么多环形山似乎也不是难题。究竟哪个才是环形山形成的真相呢？

现代研究结果表明，环形山有些是火山形成的，有些则是撞击形成的，而更多的环形山是撞击形成的。当然，关于环形山的研究我们还有很长的一段路要走，相信在路的尽头，月球一定会给我们一个惊喜！

描写月球的经典诗词

自古以来，人们喜欢用唯美之词来描述月亮，也经常会借助对月亮的描写，表达出自己对家人、朋友的思念之情，并留下了很多经典的诗句。

《山居秋暝（míng）》

唐 王维

空山新雨后，天气晚来秋。
明月松间照，清泉石上流。
竹喧归浣女，莲动下渔舟。
随意春芳歇，王孙自可留。

《望月怀远》

唐 张九龄

海上生明月，天涯共此时。
情人怨遥夜，竟夕起相思。
灭烛怜光满，披衣觉露滋。
不堪盈手赠，还寝梦佳期。

《枫桥夜泊》

唐 张继

月落乌啼霜满天，
江枫渔火对愁眠。
姑苏城外寒山寺，
夜半钟声到客船。

《宿建德江》

唐 孟浩然

移舟泊烟渚（zhǔ），
日暮客愁新。
野旷天低树，
江清月近人。

《兰溪棹（zhào）歌》

唐 戴叔伦

凉月如眉挂柳湾，越中山色镜中看。
兰溪三日桃花雨，半夜鲤鱼来上滩。

除了上面提到的这几首描写月亮的诗词以外，你还知道哪些和月亮有关的诗词呢？

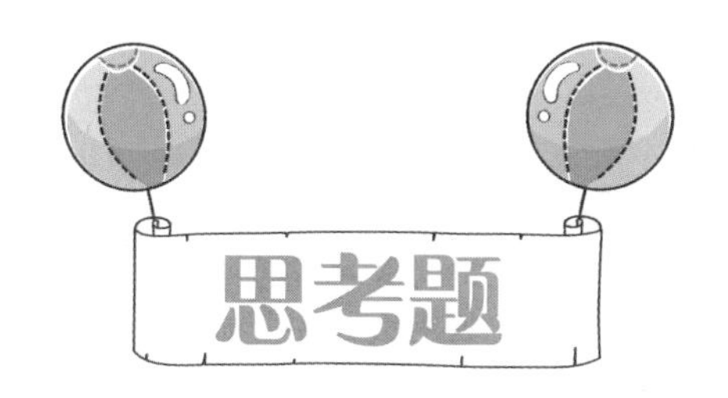

1. 请你试着从某个农历月份的初一开始，连续观察月相的变化，可以用拍照或画画的方式记录下来，看看到这个月的最后一天，月相是如何变化的。

2. 有人说月球的背面住着外星人，对于这种说法，你是否认同呢？你认为月球背面是什么样子的呢？

3. 唐代一个姓缪的孩子创作了《赋新月》一诗，全文如下：

初月如弓未上弦，分明挂在碧霄边。
时人莫道蛾眉小，三五团圆照满天。

根据我们这一章所讲的内容，你能看出这首诗里提到了哪些月相的变化？悄悄提示你：“蛾眉”“上弦”“团圆”都是对月相的描绘。

4 五星耀寒芒，直射入九渊
——太阳系都有哪些行星？

“五星耀寒芒，直射入九渊。”出自宋代诗人曾季狸的《五星泉》，全诗为：

五星耀寒芒，直射入九渊。化为石泉眼，位置相联绵。
相映璧月夜，上下争珠连。星光本游空，著地今何然。
得非泉石癖（pǐ），如我老不悛（quān）。

诗词赏析

译文：天上的五星闪耀着寒冷的光芒，直射入深深的潭水中。它们的光芒化入石泉，静静地沉睡着，而这些石泉的位置又相互连接，连绵不断。在月夜下，这些星星与石泉相互辉映，仿佛是上下相连的珠链，光彩夺目。星光原本是在空中自在无拘的，但现在它们照射在地面上，形成了这样的景象。这让我不禁思考，为什么会这样呢？莫非这些石泉有着特殊的魅力，让它对石泉有如此的癖好，如同我一样到老都不改。

这首诗非常有艺术感染力，向我们展示了一幅安逸静美的景象：夜晚璀璨的五星连珠和月光交相辉映，与山间的泉水融为一体。读完这首诗，我们可以感受到诗人对大自然的热爱之情，以及创作这首诗时的喜悦情绪。

诗人小档案

曾季狸

曾季狸，南宋诗人，字裘父，号艇（tǐng）斋，宋临川（今江西抚州）人。曾季狸很有才华，但初举进士不第，便选择终身隐居生活。曾季狸与陆游、朱熹、张栻（shì）等文人交游，当时著名词人张孝祥曾多次向朝廷推荐他，但他都没有步入仕途。

诗词中的哲理

从天上的繁星闪耀联系到地下的山石泉水，我们不得不敬佩诗人敏锐的观察力和丰富的想象力。同学们，我们在观察事物的时候，也应该尽量从整体出发，让自己的眼界开阔一些，这样就更容易看到事物的全貌了。

如果我们在观察一种事物时，只看局部或细节，很容易被一叶障目，从而影响到我们的判断力，也更容易导致错误的发生。

《史记·天官书》中记载道：“天有五星，地有五行。”在我国古代，五星最初分别叫辰星、太白星、荧惑星、岁星、镇星，指的分别是水星、金星、火星、木星、土星这五颗行星。

那么关于诗中提到的五星，你了解多少呢？你还记得，它们和地球一样，都是太阳系的行星吗？接下来，就让我们一起了解一下行星的有趣知识吧。

太阳系的八大行星是哪八个？

水星，我国古代称为辰星，它是距离太阳最近、体积最小的行星，没有天然卫星，外表呈黄棕色。由于离太阳位置比较近，所以水星的温度是比较高的。

金星，从地球上看，是最亮的行星了。金星的体积、质量与地球相似，但没有天然卫星。金星是一颗炙热的行星，可能是大量的温室气体所造成的。金星在我国古代被称为太白星，黎明出现于东方称“启明”，黄昏出现于西方称“长庚”。

地球,是太阳系中直径、质量和密度最大的类地行星(水星、金星、地球和火星) ，有一颗天然卫星月球。地球是目前已知的唯一拥有生命的行星，其大气成分与其他的行星完全不同。

火星，是一颗橘红色的亮星，主要原因在于火星地表含大量赤铁矿（氧化铁），这种矿物赋予了火星独特的红色外观。此外，火星大气中悬浮的红黄色微尘与赤铁矿共同作用形成了火星特有的橘红色。

木星，在我国古代被称为岁星，是太阳系中最大的行星，属于气态巨行星。它主要由氢和氦组成。木星丰沛的内热给它带来了一些永久性的特征，诸如云带和大红斑等。

土星，在我国古代被称为“镇星”或“填星”，因为有明显的光环系统而著名，已知的卫星有 146 颗，例如存在生命可能性的土卫二（Enceladus）和拥有冰火山的土卫六（Titan）都比较有名。

天王星，是太阳系最轻的外行星（绕日轨道在地球轨道外的行星）。它横躺着绕太阳公转，显得非常独特。它的核心温度也是已知的气体巨行星中最低的，仅辐射少量的热进入太空中。

海王星，比天王星的体积要小，虽然辐射出的热量较多，但还远远比不上木星和土星所辐射出的热量。

根据开普勒第一定律，所有行星分别在大小不同的椭圆形轨道上围绕着太阳运动，而太阳就在这些椭圆的焦点上。

遇见科学家：开普勒

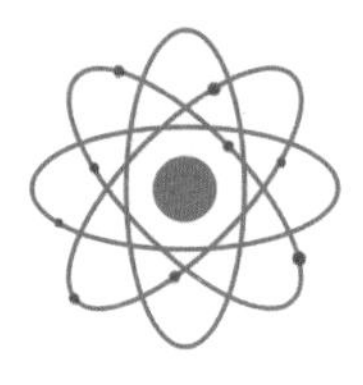

如果你对天文学有一些了解的话，你可能听过开普勒这个名字，他是最早研究行星运动的天文学家之一，由他总结出的三大行星运动定律，帮他赢得了“天空立法者”的美誉。那么开普勒是何许人也呢？

约翰内斯·开普勒（1571—1630）是和伽利略几乎同时代的科学家，他出生于罗马帝国的符腾堡（现属于德国），5 岁时他的父亲就离开了家庭，母亲是一名旅店老板的女儿，所以，开普勒从小就经常在家族的旅店里帮忙。

开普勒从小体弱多病，但是非常聪明，特别是在数学方面，经常能给住在旅店的客人留下深刻的印象。1577 年，在开普勒 6 岁时，他被妈妈带去看那年出现的大彗星；在 9 岁时，他观察到了当时发生的月食事件。这些经历，让开普勒从小就对天文产生了浓厚的兴趣。

1589 年，18 岁的开普勒进入杜宾根大学学习，主修神学。在此期间，他学习了关于行星运动的托勒密体系，以及哥白尼所提出的“日心说”，并成了哥白尼的坚定拥护者。在一次学生辩论中，他甚至从理论和神学两个角度捍卫哥白尼的学说。

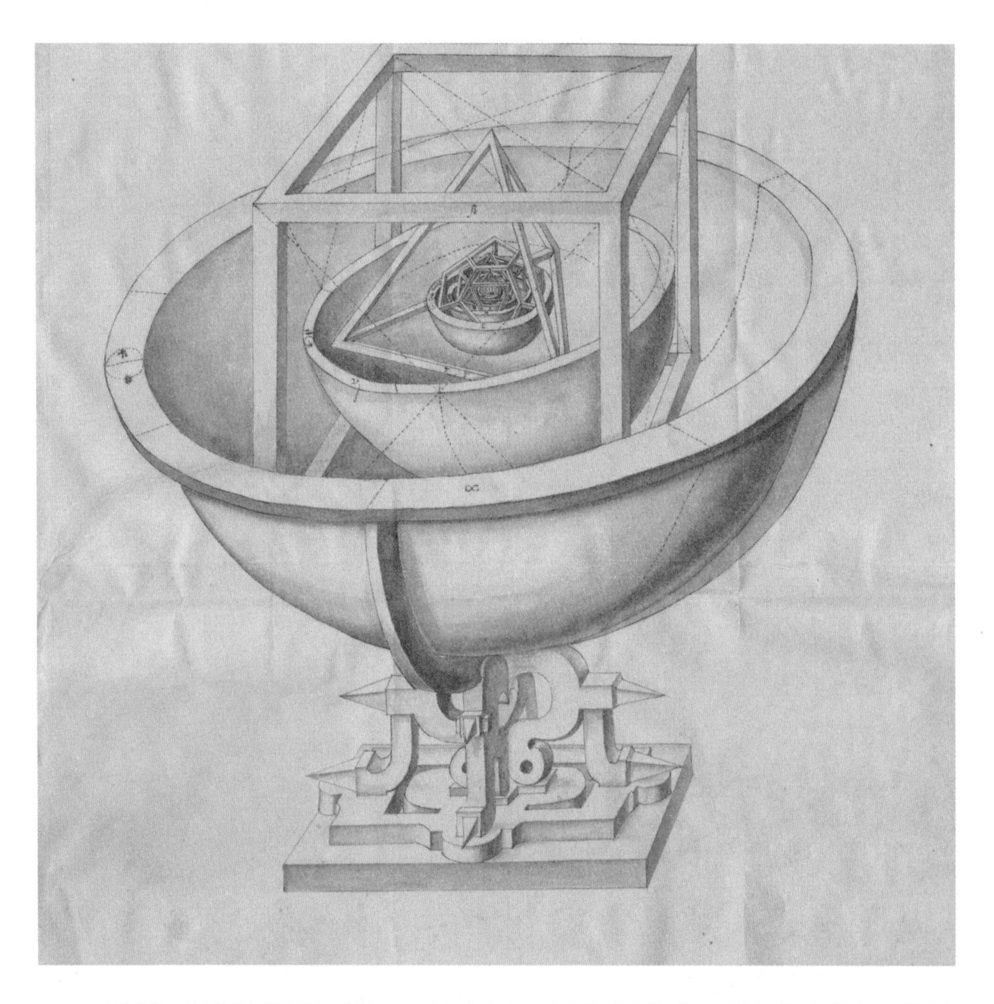

虽然开普勒很想成为一名牧师，但在学业将要结束之际，他被推荐担任格拉茨新教学院（后来成为格拉茨大学）的数学与天文学教师。他于 1594 年 4 月接受了该职位，当时他 23 岁。两年之后，开普勒出版了自己的第一部天文学著作《宇宙的神秘》，这是第一部捍卫哥白尼学说且公开发表的作品。但遗憾的是，这本书并没有得到广泛关注。

不过这并没有影响开普勒继续研究天文学的热情，相反，他继续完善他的作品，同时准备编写其他关于天文学的著作。不过，他在研究中发现了一个问题，这就是对行星观测的数据并不准确。

而在同一时期，欧洲天文观测水平最高的人是第谷·布拉赫，他是丹麦的天文学家，拥有自己的天文台。开普勒和布拉赫建立了联系，并来到了布拉赫的天文台继续自己的研究工作，这让他在天文学的研究上取得了一些进展。布拉赫在开普勒相对困难的时期为他提供了资助，帮助他渡过难关。

1601 年，布拉赫离世，开普勒被罗马帝国皇帝鲁道夫二世委任为布拉赫的继任者，并作为皇家数学家继续完成布拉赫未完成的工作。接下来的 11 年时间，开普勒在天文学领域取得了许多伟大的成就。

开普勒在数学、物理等方面也有全新的发现，他是将无限小应用到数学的先驱；建立了大气折射的近似定律。但他最主要的成就还是集中在天文学上，出版了超过 10 本著作，提出了著名的行星运动三大定律。这三大定律可以理解为：

①椭圆定律：所有行星绕太阳的轨道都是椭圆，太阳在椭圆的

一个焦点上。

②面积定律：行星和太阳的连线在相等的时间间隔内扫过的面积相等。

③调和定律：行星公转周期的平方与它同太阳距离的立方成正比。

可以说开普勒是近代自然科学的开创者之一。在天文学方面如果没有他，哥白尼的“日心说”恐怕还会需要更长的时间才能被人接受。他的三大定律奠定了经典天文学的基石，为艾萨克·牛顿数十年后发现万有引力定律铺平了道路。

科学家们一直在研究人类移居其他星球的问题，但是科学家真能找到这样的星球吗？水星是不是一个适合人类居住的星球呢？

水星的外貌与月球相似。像月球一样，水星表面有许多大大小小的环形山，同样也有平原、盆地等地形。

历史上水星受到多次的陨石撞击。受到撞击后的水星就会有盆地形成，而盆地的周围则有山脉围绕。此外水星在数十亿年的演变过程中，表面还形成了许许多多的褶皱、山脊和裂缝。

水星是太阳系中昼夜温差最大的行星。白天阳光直射处的最高温度可达 440℃，而夜晚的最低温度能降到 −173℃。昼夜温差如此之大，而且大气又稀薄，有生物存在的可能性几乎是零。

那么水星的昼夜温差为什么会如此之大呢？水星上的大气极其稀薄，大气压非常小，所以大气的反射、保温等作用几乎不存在。水星距离太阳最近，导致热辐射几乎没有什么损耗就全部作用于地表，而没有日照的时候，热量则快速地散失，这样温差自然会非常大。

金星为何如此明亮？

天空中，我们肉眼所能看见的最亮天体，除太阳和月球外就是金星了。有人说金星可能是夜空中最明亮的一颗行星，但一直困扰着人们的一个问题是：到底是什么令它如此明亮呢？

这里先给同学们讲个小知识。天文学上天体相对亮度强弱的等级用星等来表示，一般情况下，我们所说的星等指的是目视星等（仅凭肉眼或在望远镜中用肉眼可以测定的星等）。星等的数值越小，星体的亮度就越强。人眼勉强可见的星体为 6 等星，而 1 等星的亮度是 6 等星的 100 倍，1 等星并不是最亮的，比 1 等星还亮的是 0 等星，更加亮的星星就用负数表示。星等还可以是小数。

金星为什么如此明亮呢？这是因为它离太阳很近，接收到的阳光比地球多 1 倍。

天文学家通常用“反照率”来表示天体反射的本领。当光照射在行星上时，光线会被行星表面和大气层吸收，或者被反射。

金星是太阳系反照率最高的行星。金星有着一层厚厚的浅色云层，反射阳光的能力非常强，反照率（行星物理学中用来表示天体反射本领的物理量）高达 0.76。而地球和月球的反照率分别为 0.37 和 0.12。

但是从地球上看，月球亮度为什么超过金星了呢？这是因为月球距离地球很近，看起来反光的面积比金星大很多。金星对阳光如此高的反照率主要是因为金星被云层遮住了，而云层反射的太阳光使得金星看起来异常明亮。

火星上面真的有“火星人”吗？

18~19 世纪时，科学技术不够发达，人们仅仅通过肉眼或简陋的仪器对火星进行观测，得出火星上可能存在海洋、陆地、运河甚至火星人的结论。

几个世纪以来，人类一直寻找着生命在火星可能存在的迹象。从 18 世纪到现在，一些人声称发现了火星生命存在的证据，甚至一些人还声称发现了火星生命。那么，火星上真的有生命吗？

实际上，现代天文学家一直在寻找的火星生命迹象，主要是像病毒和细菌等这样的低等生命形式，而不是像地球人这样的高等生命，甚至科学家只是希望能找到有生命活动所参与形成的化学物质。

为了探索火星，1975 年，美国发射了“海盗号” 火星探测器；2003 年发射了“勇气号”和“机遇号”火星探测器；2007 年发射了“凤凰号”火星探测器；2011 年发射了“好奇号”火星探测器等。

2020 年 7 月 23 日，搭载着我国首次火星探测任务“天问一号”探测器的长征五号遥四运载火箭，在我国文昌航天发射场点火升空。

2021 年 5 月 15 日，“天问一号”着陆巡视器成功着陆于火星乌托邦平原南部预选着陆区，我国首次着陆火星探测任务取得圆满成功。

发射这些先进探测器的目的之一，是想通过分析火星上土壤的化学组成，探索火星上是否有生命迹象或生命曾经存在的证据。例如甲烷，在地球上大部分甲烷的来源都是甲烷菌，它们为生命起源提供了直接的微生物学证据。同时，科学家在地壳中也找到了一些原始甲烷，原始甲烷是地球在形成碳水化合物过程中的残留物，这证明了在生命起源之前，地球上就已经存在简单的有机化合物。这些有机化合物可能是生命起源过程中的重要组成部分。因些，如果在另外一个星球上找到了甲烷，往往就意味着找到了存在生命的可能。

有的科学家认为，火星上不可能存在甲烷。但是目前探测到火星上确实存在着甲烷，因此我们可以断定火星上肯定存在甲烷源，如果能分析证明火星上的甲烷像地球上的甲烷一样是由微生物转化的，也就找到了火星存在生命的证据。但是甲烷也可以由无机物形成，因此火星上是否真的有生命存在，是否有“火星人”，仍待考证。

木星为什么有条纹？

按照与太阳的距离由近及远排序的话，木星在八大行星中排第五。而且木星在太阳系的八大行星中体积和质量均为最大，它的质量比其他七大行星质量总和还大。同时，木星还是太阳系众行星中自转最快的行星，自转一周仅需要 9 小时 50 分 30 秒。

木星的形状并不是正球形的，而是一个椭球体。在我们日常肉眼所见的星星当中，它的亮度仅次于太阳、月球和金星，这是因为木星体积很大，对太阳光的反射能力也很强。

木星表面有红棕、灰黄、白等横向条纹，不同深度的红棕暗纹是下沉气流形成的温度较高的低云；白色或灰黄色亮带是上升气流所形成的低温高云。木星表面最大的特征就是南半球的大红斑。

伽利略望远镜的发明使他能够更深入地观测天体，伽利略首先观测了月球，之后在观测木星时发现，有 4 颗卫星围绕着木星转动，而这 4 颗卫星是地球的卫星之外首次发现的卫星。因为它们是伽利

略发现的，因此被命名为伽利略卫星，分别是木卫一、木卫二、木卫三和木卫四，其中木卫三是太阳系中除了太阳和八大行星以外已知的最大的天体。

土星为什么“自带光环”？

看到土星这个名字，你会想到什么？也许有人想知道土星到底是怎样的一个星球，可是很多人会问，土星是土组成的吗？

根据距离太阳由近及远排列，土星排在太阳系的第六，而且土星在八大行星中的体积仅次于木星。其实土星并不是由土组成的，相反土星是一颗气体星球，当然太阳系里的行星不止它一个是气体星，木星、天王星和海王星都是气体星球。土星的大气主要以氢和氦为主，并含有甲烷和其他气体。

土星和其他行星一样也围绕太阳在固定轨道上运转，而且土星的公转使得土星也像地球一样拥有四季的变换，但是土星四季的时间并不像地球这样短，它每一季的时间长达 7 年多。由于土星距离太阳很远导致土星的夏季也是十分寒冷的。

土星最引人注目的一点，是外围有一圈圈无比美丽的环。那么土星环到底是什么呢?

其实是伽利略第一个发现了土星的光环，后来科学家把土星外围的环称为土星环。我们看到土星环不仅颜色非常明亮而且很薄。土星环的主要组成物质是尘埃颗粒、岩石和碳化物的水冰颗粒，由这些物质组成的壮观的土星环状物，将土星环绕起来。

遇见科学家：惠更斯

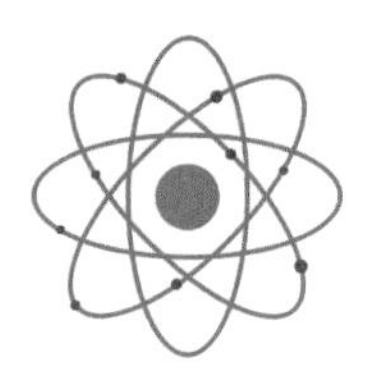

历史上，伽利略是第一个用望远镜观测土星的人。在 1610 年左右，伽利略用自制的望远镜观测到了很多的天体，其中就包括土星。在对土星的观察过程中，伽利略发现了一件“怪事”：为什么这颗星球长了两只“耳朵”，而过了一段时间，“耳朵”又似乎消失了呢?

其实伽利略所看到的土星“耳朵”正是土星环，但是由于他的望远镜放大倍数有限，所以他没有发现土星环。在伽利略第一次观测到土星后的 1655 年左右，一位名叫惠更斯的荷兰科学家替伽利略解开了谜团。

克里斯蒂安·惠更斯（1629—1695）是荷兰著名的物理学家、天文学家和数学家，他对现代科学的发展具有巨大的影响力。

惠更斯的父亲是一位大臣，他和哥哥康斯坦丁从小就接受了很好的家庭教育，而且他自幼聪慧，13 岁时曾自制一台车床，表现出很强的动手能力。16 岁时，惠更斯进入大学主修法律和数学。

大学毕业后，惠更斯并没有从事和法律相关的工作，他全心投入到自己所热爱的自然科学领域，最终从数学到物理，再到天文，他都取得了非常多的成就。

比如在数学领域，他出版了一本关于概率的著作，促进了概率论的形成和发展。在经典力学方面，他通过实践和理论相结合，研究了钟摆，提出了著名的单摆周期公式和离心力定理。在光学方面，他更是通过实验总结，提出了光的波动学说，建立了著名的惠更斯原理。

惠更斯在天文学方面同样有着很大的成就。尽管他不是第一个制造出望远镜的人，但是他和哥哥康斯坦丁花了大量的时间，一起磨制出高质量的透镜，改进了望远镜的结构，并进行了大量的天文观测。

功夫不负有心人，惠更斯在 1655 年到 1656 年的冬天，对土星进行了观测，解开了伽利略留下的“天文之谜”。当他把自己改良后的望远镜对准土星时，他发现了在土星的旁边有一个薄而平的圆环，而且它倾向地球公转的轨道平面。而伽利略之所以看到“土星耳朵”的消失，是由于土星环有时候看上去呈现线状。

惠更斯不仅发现了土星环，而且还发现了土星的一颗卫星——泰坦星(也被称为“土卫六”)，并且他还观测到了猎户座星云、火星极冠等。

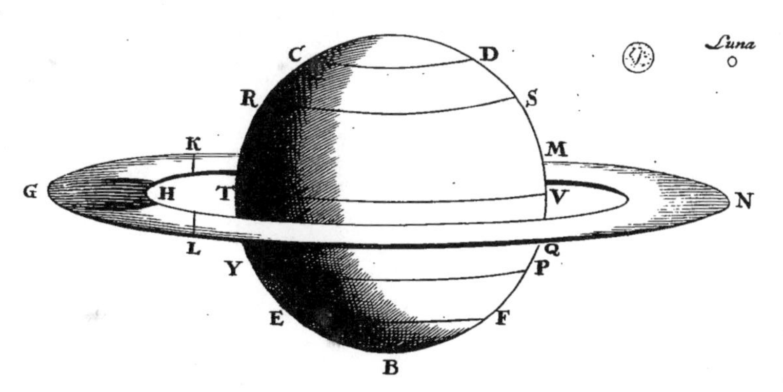

天王星为什么是一颗“冷行星”？

天王星是太阳系中距离太阳由近及远排列的第七颗行星，同海王星相比，它的体积要比海王星大，而质量却要小于海王星。它的名字来自古希腊神话中的天空之神乌拉诺斯。

在八大行星中，如果我们把木星称为“热行星”的话，那么天王星就是当之无愧的“冷行星”了。各大行星与太阳的距离是不同的，而距离的远近对行星的温度影响很大。尽管与海王星相比，天王星到太阳的距离要近得多，但是天王星的表面温度却与海王星是一样的。通过对天王星表面辐射能力的测定得知，天王星向外辐射的能量只有很少的一部分来自星体内部，而木星、土星、海王星却有近半的能量来自自身内部。

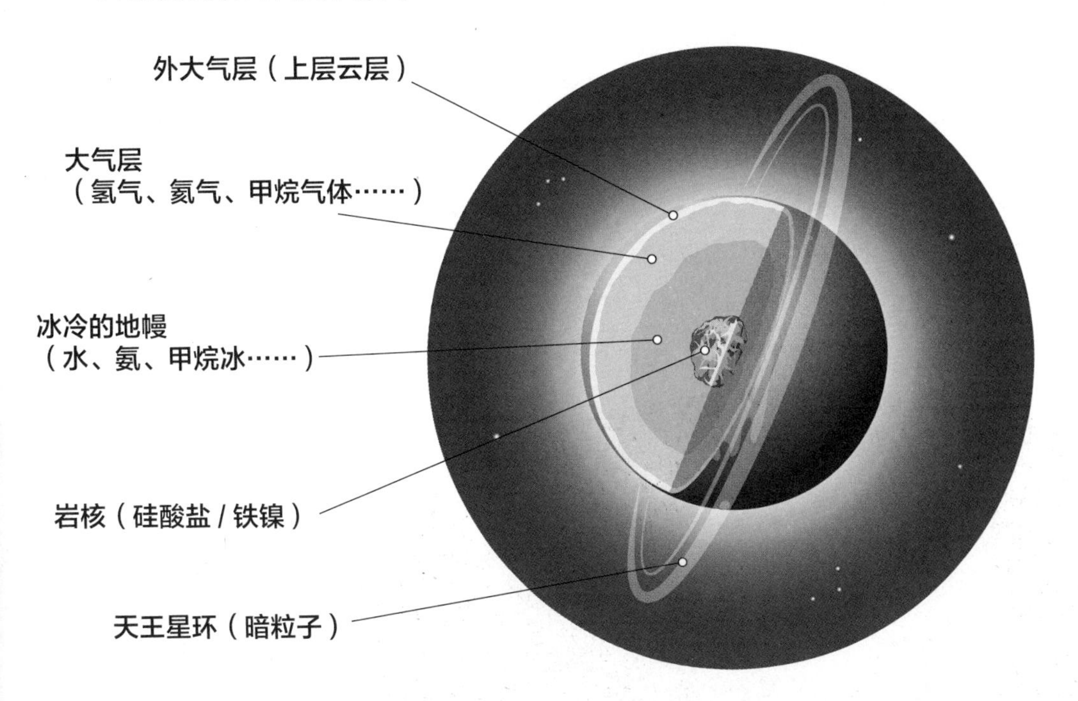

由此可见，在太阳系的各大行星中，天王星的内部热量明显低于其他行星。通过对天王星结构模型的计算，科学家发现它的中心温度比离太阳更远的海王星还要低。另外，在天王星岩核外有一层由水、氨和甲烷冷凝而成的“冰”，正是这些物质影响了天王星的温度。

但是若要真正解释天王星的“冷”，我们必须追溯到它的起源与演化历程。由于天王星成分中的冰含量占总质量的一半，因此许多科学家认为它是由无数彗星聚集在一起形成的，而彗星正是一颗颗寒冷的冰球，因此形成了天王星这样的冷行星。已知的在天王星记录到的最低温度是 –224℃，比海王星还要冷，因此天王星当仁不让地成为太阳系中温度最低的行星。

海王星为什么也是蓝色的？

从太空看地球，是一个蓝色的星球，主要是由于地球表面七成是大海。但奇怪的是，不仅地球是个蓝色的星球，海王星看上去和地球一样也是蓝色的，难道海王星上也有大海？

在八大行星中，海王星的颜色的确与地球的颜色很相近。它在望远镜中呈蓝色，这其实是由它的大气成分所决定的。海王星的大气中含有甲烷，而甲烷对阳光中的红光和橙光具有很强的吸收作用。这样被海王星的大气反射后的阳光的主要都是蓝光和绿光，因此海王星看上去就呈蓝色了。

正是由于海王星表面呈现出淡淡的蓝色，因此西方人用罗马神话中的海神“尼普顿”的名字来命名它。

海王星的轨道距离太阳很远，平均距离约为 45 亿千米，约 30 个天文单位（AU），所以，海王星从太阳那里得到的热量很少，海王星大气上层的温度在 −210 ~ −220℃，是非常寒冷的。

描写太阳系行星的古诗词

我国古人对太阳系的水星（辰星）、金星（太白星）、火星（荧惑星）、木星（岁星）和土星（镇星）都有细致的观察，也由此留下很多精彩的诗词。

《七月初一日早起》

元 方回

太白星初上，参（cān）旗井钺（yuè）连。
新秋知几日，酷暑极今年。
足不能离地，心常欲契（qì）天。
水乡差（chāi）得稔（rěn），亢（kàng）旱念山田。

《书怀赠南陵常赞府》（节选）

唐 李白

岁星入汉年，方朔见明主。
调笑当时人，中天谢云雨。
一去麒（qí）麟（lín）阁，遂将朝市乖。
故交不过门，秋草日上阶。

《天象》（节选）

宋 洪咨夔（kuí）

白气一抹蚩（chī）尤旗，南斗北斗天两垂。
西方荧惑耀芒角，初月吐魄来食之。

《岁星渐高赠王伯纨（dǎn）进士》（节选）

元 王逢

岁星渐高辰星光，镇星不动天中央。
荧惑退舍太白敛（liǎn）昼芒，南斗尚尔云微茫。

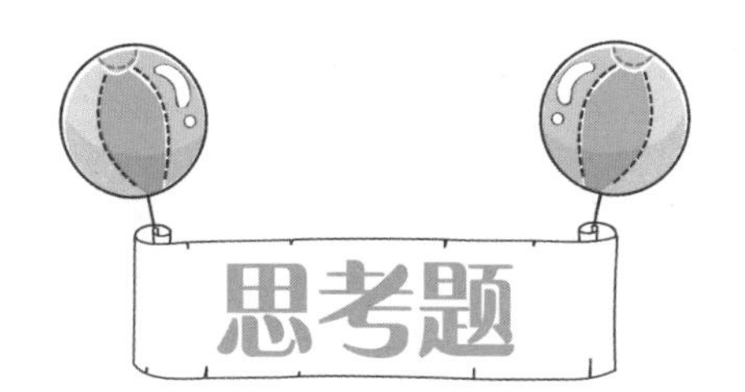

1. 中国古代就有对五星（金、木、水、火、土）的记载，但是太阳系还有天王星和海王星，为什么没有被记载呢？

2. 在太阳系的八大行星中，为什么只有地球上有多种多样的生命体，并且能够一代代地繁衍？

5 龙笛吟寒水，天河落晓霜

——天河（银河系）都有什么？

“龙笛吟寒水，天河落晓霜。”出自唐代诗人李白的《陪宋中丞武昌夜饮怀古》一诗，全诗为：

清景南楼夜，风流在武昌。
庾（yǔ）公爱秋月，乘兴坐胡床。
龙笛吟寒水，天河落晓霜。
我心还不浅，怀古醉余觞（shāng）。

诗词赏析

译文：南楼的夜色多么清爽！有风度和才华的人士都聚到了武昌。就如同古时的庾亮一样，大家都喜爱秋月，乘兴坐在胡床之上欣赏。玉笛声声，宛如流水一般清脆悦耳；满地银霜，如同银河缓缓下落。我的兴致还很高，让我们一边怀念古人，一边干杯畅饮！

这首诗描绘了诗人和好友一同饮酒赏月的情景，词语间充满了喜悦之情。全诗的语言恢宏大气，非常洒脱，可谓一气呵成，这也是李白作品的突出特点。

诗人小档案

李白

李白（701—762），字太白，号青莲居士，又号“谪仙人”，唐代伟大的浪漫主义诗人，被后人誉为“诗仙”，与杜甫并称为“李杜”。据记载，李白爽朗大方，爱饮酒作诗，喜交友。李白有《李太白集》流传于世，代表作有《望庐山瀑布》《行路难》《蜀道难》《将进酒》《明堂赋》《早发白帝城》等。有趣的是，据传李白的诗作大多是醉酒时所写的。

诗词中的哲理

宋中丞本名是宋若思，是李白的挚友。据记载，年过五旬的李白曾追随永王李璘，但不料后来永王发动叛乱，李白因此被关押在浔阳（今江西九江）监狱。宋若思得知后为李白四处求情。正因为如此，李白和宋若思的友情非常深厚。

生活中，你可能有很多的朋友，但你要知道的是，真正的朋友，是像宋中丞那样能在困难的时候帮助你的人，这样的朋友才值得我们深交和尊重。

“天河落晓霜”中的“天河”，是我国古代人对银河的一种称谓，也被称为银河、星河、星汉等。早在晋朝张华所撰写的《博物志》中就写到“天河与海通”，意思是银河和大海相通。这种说法虽不正确，但足可见古人对银河已经有了细致的观察。

从古至今，关于银河的诗词有很多，感兴趣的同学可以查一查、读一读。那么说到银河，现代天文学都有哪些研究和发现？又有哪些你不知道的有趣知识呢？

银河系是什么样子的？

“飞流直下三千尺，疑是银河落九天。”我国古人视银河为天河，因为认知的局限性，古人把注意力集中到牛郎、织女两颗亮星上，创作出牛郎织女的爱情故事。那么真正的银河系是什么样子的呢？

我们所在的地球是太阳系中的一颗行星，而银河系是太阳系所在的天体系统，其中包括大约1000亿~4000亿颗恒星和大量的星云，还有星际气体和尘埃。

银河系是一个棒旋星系，它的直径约有10万~18万光年，呈椭圆盘形，具有巨大的盘面结构，有一个银心和四个主要的旋臂。银河系的内部组成按从内到外的顺序依次是银心、银核、银盘、银晕和银冕。

银河系中的大部分物质集中在一起形成了银盘，银盘就像是一个薄薄的椭圆盘一样。在银盘的中心有一个球形的物体就是核球。

核球中心是一个密度很大的区域，叫作银核。银盘的厚度在各个区域是不相同的，一般是银盘的中心厚度最大，由中心到边缘，厚度逐渐变薄。

在银河系的中心有一个球状的凸起部分，这就是银心。这里是银河系的自转轴与银道面交会的地方，在这个区域当中有着大量年轻的恒星，恒星的分布密度非常高。

银盘外部空间由于范围较大,因此物质密度要比银盘中低很多，而这个外部空间就叫作银晕。银河系当中的银盘被外部的银晕紧紧地包围着。在银晕当中的恒星的密度比较小，而且银晕中还有着一些球状星团， 这些球状星团主要是由较年老的恒星组成的。

银晕之外的巨型球状射电辐射区域被称作银冕，如同银河系所戴的帽子。

银河系的年龄有多大了呢？按大爆炸宇宙模型推算，宇宙的年龄在 138 亿年左右。假定从宇宙大爆炸到银河系形成所经过的时间为 8 亿年，那么估计银河系的年龄约为 130 亿岁，差不多与宇宙一样老。

银河系是静止不动的吗?

当遥望星空时，那横跨天际、璀璨闪耀的银河系总能引起人们无尽的遐想。通过仔细观察，我们能够发现银河系实际上是由许许多多颗恒星所组成的，不过，由于距离太遥远，它们看起来远不如整个银河系看起来那么震撼人心。借助望远镜观察的话，它们看起来只像朦胧的云雾。那么，银河系在转动吗?

银河系作为一个整体，像行星、恒星一样进行着一定的自转运动。银河系与地球是不一样的，它是包含了多种天体的一种天体系统。天体与银河系中心的距离各有不同，因此不同距离的天体自转的角速度就会不同，而相应的线速度也就与转动半径没有了特定的关系。

银河系除了自转以外，其实也在宇宙空间中不断地运动着。因为我们的位置处在银河系当中，因此我们无法直接观测银河系在宇宙空间的运动方式，但我们可以选择某一个河外星系作为观察点，通过观察河外星系与银河系的相对运动，进而探索银河系的本身运动。

天文学家已经观测出，银河系不仅在自转，它还以一定的速度朝麒麟座的方向运动着。因此银河系在一边旋转一边快速前进，像一个巨大的飞行器一样，沿着一条神奇的路线在太空运转着。这样看来，银河系的运动也是很奇妙的吧。

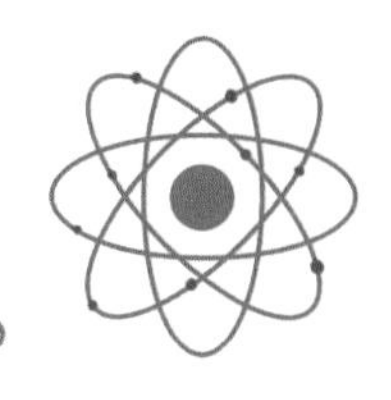

遇见科学家：赫歇尔

说起对银河系的观测，我们不得不提到一位英国科学家弗里德里克·威廉·赫歇尔（1738—1822），他被誉为“恒星天文学之父”，也是第一个确定银河系结构的科学家。

赫歇尔出生在德国的汉诺威，他的父亲是当时禁卫军乐团里的一名乐师，受父亲的影响，赫歇尔从小喜爱音乐，并且展现出非常好的音乐天赋，4岁就会拉小提琴，并很快成为一名双簧管演奏者。因为战争的原因，赫歇尔在20岁左右，从德国搬到了英国伦敦。他的音乐才华让他的知名度不断提升，从音乐教师一步步成为作曲家。

赫歇尔本可以专注地发展他的音乐事业，但他一有时间便阅读一些科学方面的书，例如牛顿、莱布尼茨等科学家的自然哲学、数学、物理学著作。随着阅读的深入，赫歇尔也开始涉猎一些天文学方面的著作，特别是在一本关于光学的书中，赫歇尔读到了制作望远镜和显微镜的内容，并且里面还讲到了恒星的发现过程。这些内容引起了赫歇尔的兴趣。

在赫歇尔小时候，他的父亲给他讲授了很多天文方面的知识，让他从小就对宇宙探索充满了兴趣，当他读到这些天文观测的知识和方法后，仿佛眼前打开了一扇大门。赫歇尔如饥似渴地阅读大量天文学著作，并雄心勃勃地开始了对天文学的研究。

俗话说“百闻不如一见”，为了亲眼看到书中所描述的天体，赫歇尔最初用一台折射式望远镜进行观测，但他感觉不是很理想。为了探索宇宙奥秘，他开始寻找更合适的观测“利器”，后来他把目标转向了反射式望远镜，并且决定亲自组装。

1774 年，赫歇尔成功地组装了一架口径 15 厘米，焦距 2.1 米，能放大 40 倍左右的牛顿式反射望远镜。通过这架望远镜，他第一次成功地看到猎户座大星云，并清楚地辨认出土星的光环。更重要的是，通过不断地实践和总结，他终于掌握了一套磨制抛物面反射镜的技术。从那以后，他除了晚上不知疲倦地做巡天观测之外，还时常利用白天的时间磨制望远镜镜面。

有了观测宇宙的“利器”，赫歇尔开始了他对太空的“巡视”之旅，历时超过 20 年，并且取得了非凡的成就。

在 1781 年 3 月，他用自制的反射望远镜观测到了一个蓝绿色的小星体，和彗星不同的是，这个星体没有尾巴。赫歇尔更换了目镜，发现这个星体的直径越来越大，并且每天都在缓慢移动。

赫歇尔对它做了跟踪观测，并通过分析计算得出它的轨道接近圆形，此外，它到太阳的距离比土星到太阳的距离要远出约一倍。此时，赫歇尔意识到，自己发现了一颗新的行星。赫歇尔发现新行星（这颗行星后来被命名为天王星）的消息引起了极大的轰动。就这样，赫歇尔一举成名。

除了发现天王星以外，赫歇尔还有了一个大胆的想法，那就是数一数天上的星星到底有多少。他通过 1000 多次的观测，总共数出了超过 11 万颗恒星。在此基础上，他发展出来了恒星天文学，

并提出了著名的恒星演化学说。

他一生发现了 656 对 “双恒星”，编制了人类历史上第一个双星表。在大量观测的基础上，他证实了银河系的形状为扁平圆盘状。1786 年、1789 年、1802 年，赫歇尔先后三次出版星团和星云表，记录了 2500 个星云和星团。

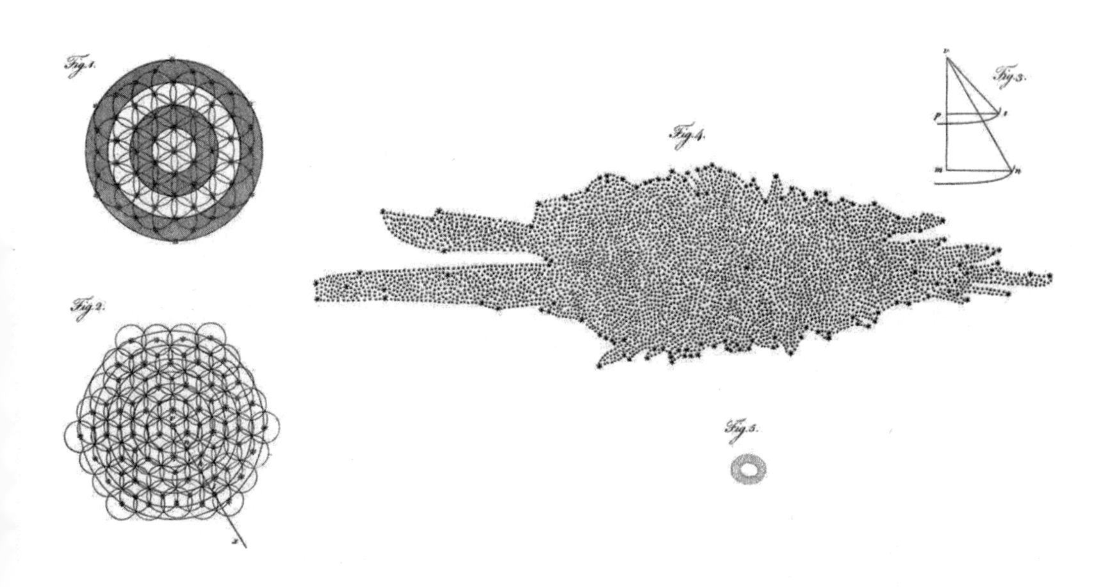

在赫歇尔的天文学家生涯中，他制作过数百架望远镜，其中最大也是最著名的，是一台 12 米长、口径达到 122 厘米的反射望远镜。1816 年他被当时的英国国王乔治三世册封为爵士。

赫歇尔在 43 岁时成了一位著名的天文学家，尽管他从未接受过正规的高等教育，但他凭借对科学的极大热情，通过勤奋地自学，积累了渊博的学识，拥有了坚实的数理基础和精湛的光学技能，这一点确实令人钦佩。

宇宙中有多少个银河系？

宇宙这么庞大的系统中，会有多少像银河系一样美丽的星系存在呢？

星系是宇宙中庞大的星星“岛屿”，也是宇宙中最大、最美丽的天体系统之一。星系一词来源于希腊文，指的是由恒星、星际气体、尘埃以及暗物质等构成并受到引力束缚的天体系统。大部分的星系不仅包含许多的恒星，而且星系当中都有星团及各种各样的星云。

在 2016 年，天文学家基于哈勃空间望远镜的深度曝光图像，估算出在可观测的宇宙中大约有 2 万亿个星系。如果取银河系作为平均值，那么宇宙中的恒星总数大概在 10^{24} 的量级，也就是 1 的后面跟着 24 个 0！

由天文学家哈勃提出的星系分类方法把星系分为三类——椭圆星系、旋涡星系（也称螺旋星系）和不规则星系。

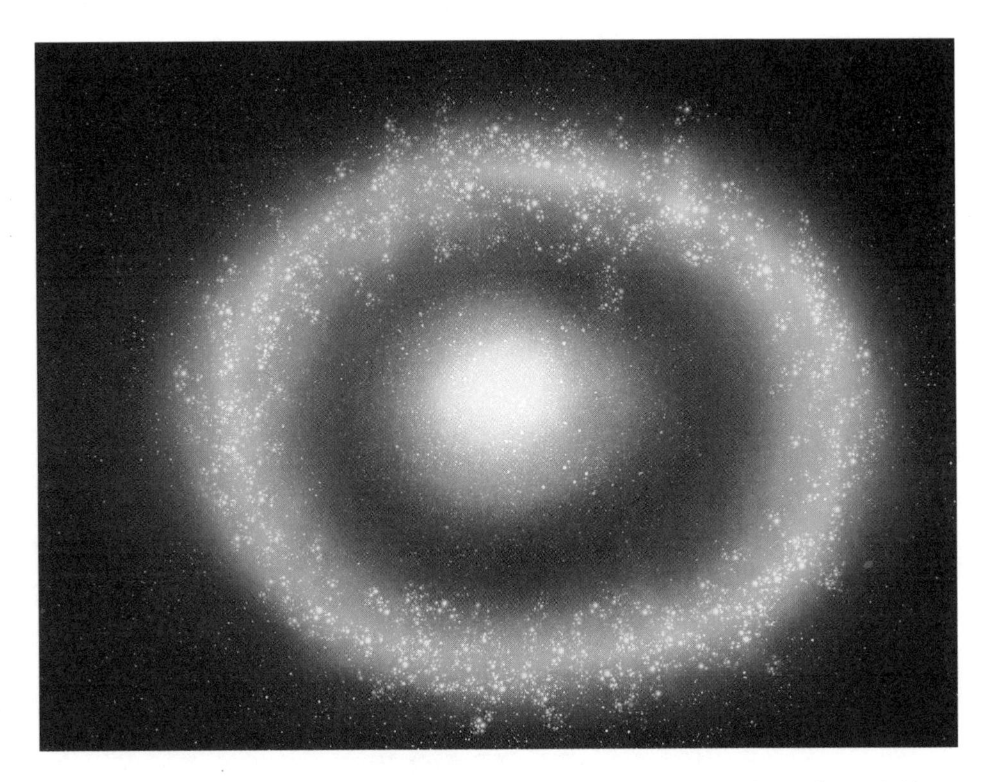

椭圆星系外形呈正圆形或椭圆形，中心亮，边缘渐暗。按外形又分为 E0 到 E7 八种次型。旋涡星系也叫螺旋星系，因其形状似旋涡而得名。旋涡星系在其对称面附近含有大量的弥漫物质，从正面看，形状像旋涡；从侧面看，便呈梭状。我们所处的银河系就是旋涡星系中的一种。不规则星系外形不规则，没有明显的核和旋臂，直径从几千光年到上万光年不等。

星系内部的恒星会不停地运动，整个星系也在不停地运动，有的在顺时针方向自转，有的在逆时针方向自转。在数量上，顺时针方向自转的星系比逆时针方向自转的星系少一些。

看到了吧，宇宙中还有这么多美丽的星系呢！随着科技的进步，我们会逐渐认识更多的星系的。

描写银河的古诗词

浩瀚的银河不仅令今天的我们神往，而且上千年前的古代诗人、词人，也留下了很多美妙的诗句、词句来赞美它，比如下面这些诗词。

《月下喜邢校书至自洛》

唐 李益

天河夜未央，漫漫复苍苍。
重君远行至，及此明月光。
华星映衰柳，暗水入寒塘。
客心定何似，余欢方自长。

《望庐山瀑布》

唐 李白

日照香炉生紫烟，
遥看瀑布挂前川。
飞流直下三千尺，
疑是银河落九天。

《天上谣》（节选）

唐 李贺

天河夜转漂回星，
银浦流云学水声。
玉宫桂树花未落，
仙妾采香垂佩缨（yīng）。

《听旧宫中乐人穆氏唱歌》

唐 刘禹锡

曾随织女渡天河，记得云间第一歌。
休唱贞元供奉曲，当时朝士已无多。

《春夜过长孙绎（yì）别业》

唐 钱起

佳期难再得，清夜此云林。
带竹新泉冷，穿花片月深。
含毫凝逸思，酌水话幽心。
不觉星河转，山枝惊曙禽。

《巫山神女庙》

唐 刘禹锡

巫山十二郁苍苍，片石亭亭号女郎。
晓雾乍开疑卷幔，山花欲谢似残妆。
星河好夜闻清佩，云雨归时带异香。
何事神仙九天上，人间来就楚襄王。

从上述描绘银河的诗词中，你有没有感受到古人丰富的想象力，以及细腻的观察能力呢？当然，描写银河的诗词还有很多，你可以再查询一些。

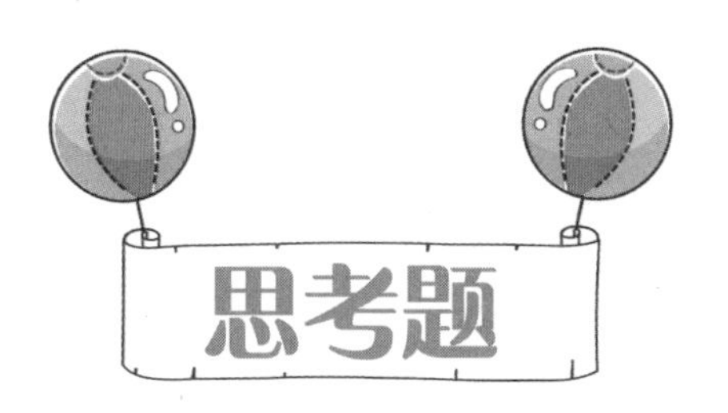

1. 有人说，从人类诞生开始，把所有人类走过的路程加一起，也无法超越银河系。请你想一想，这种说法正确吗？

2. 英国《自然》杂志上刊载的研究曾指出，银河系中可能存在数十亿颗与地球条件相似、适合生命存活的行星。那么你认为适合生命存活的行星需要具备哪些条件？

6 无穷宇宙，人是一粟太仓中

——宇宙到底有多大？

“无穷宇宙，人是一粟（sù）太仓中。”出自南宋爱国将领、文学家辛弃疾的词作《水调歌头·题永丰杨少游提点一枝堂》，全文如下：

万事几时足，日月自西东。

无穷宇宙，人是一粟太仓中。

一葛一裘经岁，一钵一瓶终日，老子旧家风。

更著（zhuó）一杯酒，梦觉（jué）大槐宫。

记当年，吓腐鼠，叹冥（míng）鸿。

衣冠神武门外，惊倒几儿童。

休说须弥芥子，看取鹍（kūn）鹏斥鷃（yàn），小大若为同。

君欲论齐物，须访一枝翁。

诗词赏析

译文：世上万事不可能都能得到满足，就像日月运行，从不因人而改。面对浩瀚宇宙，人就像太仓中的一粒粟米一样，无足轻重。一套夏服一套冬服足够过一年，粗茶淡饭也能了此一生，这便是我的追求。酒醉入梦，仿佛梦见大槐宫，感叹那富贵权势虚幻无常。

还记得当年，小人诬陷阻断了我远大的理想与宏图之志。辞官时，将官服挂在神武门外，吓倒了一群宵小之辈。就不说什么芥子纳须弥山之类的了，就说那鲲鹏展翅九万里，而斥鷃翱翔蓬蒿之间，大和小也没什么不同。您如果想要探讨齐物的哲理，还须去访求一枝翁。

这首词其实是一首阐述哲理的词作，借友人“一枝”堂名，阐述了庄子的“齐物”哲理：万事万物看起来有很大区别，但归根结底都是相同的。人只不过太仓一粟，争逐到最后，或许只是南柯一梦。

词人小档案

辛弃疾

辛弃疾（1140—1207），原字坦夫，后改字幼安，中年后别号稼轩，历城（今山东济南）人。南宋著名词人和爱国者。辛弃疾出生时，中原已为金兵所占，他21岁参加抗金义军，不久归南宋，历任湖北、江西、湖南、福建、浙东安抚使等职，几乎一生都在为国抗金。辛弃疾的词题材广泛，既有抒发爱国热情的词作，也有歌颂祖国山河的词作，风格豪迈中又不乏细腻，被人称赞为“词中之龙”。

诗词中的哲理

辛弃疾一生爱国，却壮志未酬。公元1181年（宋孝宗淳熙八年），他受到奸臣排挤，被免去官职，回到江西上饶家居，并在此生活了近十五年。或许是由于报国无望的无奈，也或许是看透了官场的腐朽和黑暗，辛弃疾对人生产生了更深入的思考，创作了一系列富有哲理的词作。

正如此首词中所提到的那样，人和浩瀚的宇宙相比，是非常渺小的，何必把很多事情看得太重呢？当然，这样说不代表我们不需要努力学习、勤奋工作，而是提醒我们不应该过于急功近利，如果得失心太重，就很容易成为追名逐利的人，那样会容易失去自我，成为名利的奴隶。

词中写的“无穷宇宙，人是一粟太仓中”，这句话恢宏大气，富有哲理。当我们仰望星空的时候，是不是也能感觉到宇宙的浩大？

连我们所在的银河系，也不过是宇宙中众多星系中的一个，那么，宇宙到底有多大呢？它真的是无边无际的吗？

宇宙究竟是什么？

地月系、太阳系、银河系都是宇宙中的一部分。宇宙好像一个巨大的空间，可以容纳下万物。那么，宇宙到底是什么呢？

早在东汉时期，我国著名的科学家张衡就表达了对于宇宙的认识，提出“过此而往者，未知或知也。未知或知者，宇宙之谓也。宇之表无极，宙之端无穷”的观点，明确指出由空间和时间构成的宇宙是无限的。

现代科学理念认为，宇宙是由空间、时间、物质和能量构成的统一体，它是一切空间和时间的总和。通常所理解的宇宙是指我们所存在的一个时空连续系统，包括其中的所有物质、能量和事件。

我们通常所说的宇宙一般是指地球大气以外的空间，即所谓的“外层空间”。地球是我们赖以生存的家园，而地球仅仅是太阳系中一颗小小的行星；太阳系只是银河系的众多天体系统中的一个，而银河系在宇宙所有的天体系统中，也许只是微小的一个。科学家们估计河外星系的总数在千亿个以上，它们如同辽阔海洋中星罗棋布的岛屿，所以也被形象地称为“宇宙岛”。

所有大大小小的天体系统汇聚在一起，共同组成了宇宙。所以，宇宙可以被认为是所有天体的共同体。

宇宙是如何诞生的？

宇宙包含了世界上的万事万物，它是时间与空间的总和。千百年来人类一直致力于揭开宇宙的奥秘，那么宇宙到底是怎么样诞生的？这是从 3000 多年前的古代自然哲学家们到现代天文学家们，一直都在苦苦思索的问题。

时至 19 世纪末期，尽管科学家对宇宙的探索有了巨大的进步，但对于宇宙是怎么诞生的这一问题一直没有定论。

直至 20 世纪，两种“宇宙模型”的出现对解释宇宙诞生这一问题产生了深远的影响，一个是稳态理论，另一个是大爆炸理论。

稳态理论认为，宇宙是稳定的，它一直保持着某种状态，不因时间的转变而改变。这种理论认为宇宙内的物质以某种速度产生着，而老的物质也以某种速度在消失，所以，正好可以维持宇宙的密度不会改变。它非常肯定地预言了宇宙到底应该是什么样子的，也正因为如此，我们很容易判断出这种理论是不是正确的。当宇宙背景辐射被发现之后，这一理论就被我们否定了。

目前在天文学界普遍接受的是“宇宙大爆炸”理论，这是在 1927 年，由比利时天文学家勒梅特首次提出的。他认为宇宙的物质最初集中在一个原始原子的“宇宙蛋”之中，约 138 亿年前，经过一次无可比拟的大爆炸后分裂成无数的碎片，继而慢慢地膨胀，并最终形成了今天的宇宙。

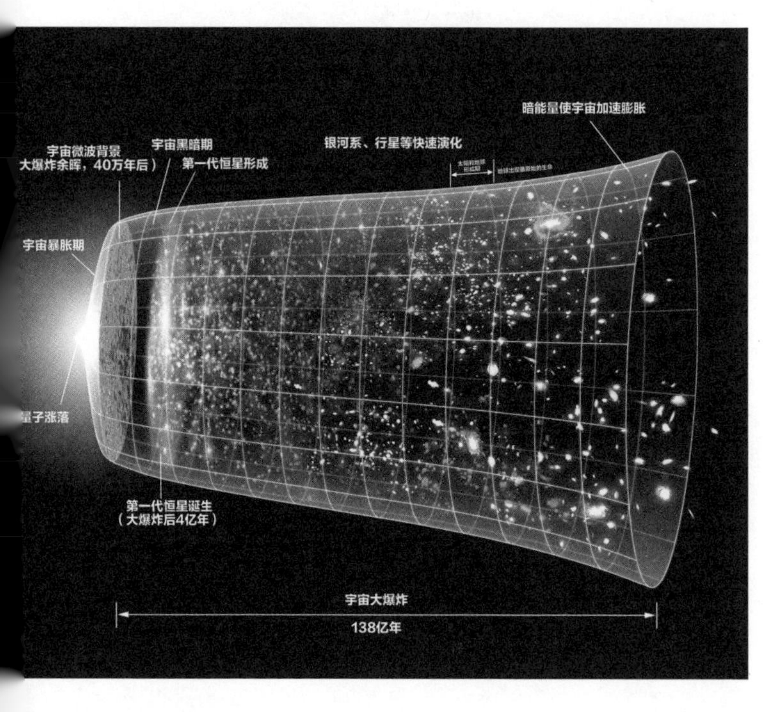

勒梅特认为宇宙爆炸后宇宙体系并不是静止的，而是在不断地膨胀，使物质密度从密到稀不断地演化，进而膨胀到现在，而且还会继续膨胀下去。

遇见科学家：哈勃

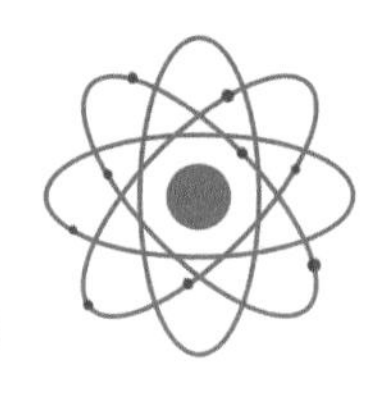

进入 20 世纪后，随着观测能力的提高，人类对于宇宙的认知得到了全新的发展，爱德文·鲍威尔·哈勃（1889—1953）正是那个时代最重要的天文学家。

哈勃出生在美国密苏里州的一个普通家庭，后来移居到伊利诺伊州。在少年时期，他擅长运动，而且在地方性的运动比赛中屡屡获奖，还曾刷新了州际跳高比赛的纪录。

由于出色的身体条件，哈勃差一点就成了一名运动员。但如果真是如此，人类可能就会因此失去一位伟大的天文学家。

还好，哈勃在学习能力上也很出色。中学毕业后，他顺利进入芝加哥大学主修数学和天文学，拿到学士学位后，哈勃去了英国牛津大学攻读法律硕士。1913 年，父亲过世，哈勃为了照顾母亲，又从英国回到了美国，并回到芝加哥大学继续攻读博士。他在当时的叶凯士天文台研究天文，并在 1917 年获得了天文学博士学位。

1914 年，哈勃在叶凯士天文台开始研究星云的本质，提出有一些星云是银河系的气团，并推测另一些星云，特别是具有螺旋结构的星云，可能是更遥远的天体系统。这些想法的提出，令当时的天

文学界耳目一新。

从 1919 年起哈勃进入威尔逊山天文台工作，直至去世。威尔逊山天文台在当时建造了一台口径约 5 米的望远镜，而哈勃成了这台望远镜的第一个使用者。

在哈勃之前，大多数的天文学家都认为宇宙仅限于银河系的范围内，但很快这个观念被哈勃颠覆了。

1923—1924 年期间，哈勃观测和分析计算仙女座大星云的造父变星（可用于测量星际和星系际距离的一类高光度周期性脉动变星）后，得出了一个令人惊讶的结论：这些造父变星和它们所在的星云距离我们远达几十万光年，远超过当时银河系直径的尺度，因而一定位于银河系外，这说明仙女座是和银河系一样的恒星系统。

哈勃同时指出，这表明在银河系之外，存在着其他的星系，宇宙远比人类想象的还要大。哈勃又对星系作了更细致的观测，研究了星系的形状和亮度。到了 1925 年的时候，他已经证明宇宙是由很多不同形状和不同大小的星系组成的。

哈勃说：“由于恒星群各不相同，所以星系的形状也有差异。有的像银河系和仙女座那样是螺旋形的，这样的星系有一个中心，恒星就像纸风车那样绕着这个中心旋转。有的形状则像篮球或鸡蛋，还有几个星系的形状是不特定的。”

哈勃的发现，让人们对宇宙的范围有了全新的认识，不仅如此，他还证明了宇宙处于膨胀的过程中。哈勃和助手赫马森一起，对遥远星系进行了大量的观测，发现这些星系都有谱线红移现象。所谓红移现象，指的是星系向远离地球的方向移动时，它所发出的光波长随之增加。而且哈勃还发现，距离地球越远的星系，红移越大，这说明星系都在离地球而去，并且距离越远，退行的速度越大。

在 1929 年，哈勃通过对大量星系的红移情况进行统计分析，进一步发现：星系退行的速率与星系距离的比值是一常数，两者间存在着线性关系。这一个关系被称为哈勃定律。

哈勃定律说明了一件事：宇宙并不是人们之前想象的那样，是永恒静止的，相反，宇宙是在不断变化的。哈勃定律的发现有力地推动了现代宇宙学的发展，也为宇宙膨胀提供了令人信服的证据。哈勃对天文学的功绩还有很多，可以说他是 20 世纪最伟大的天文学家，是星系天文学的奠基人和观测宇宙学的开创者。

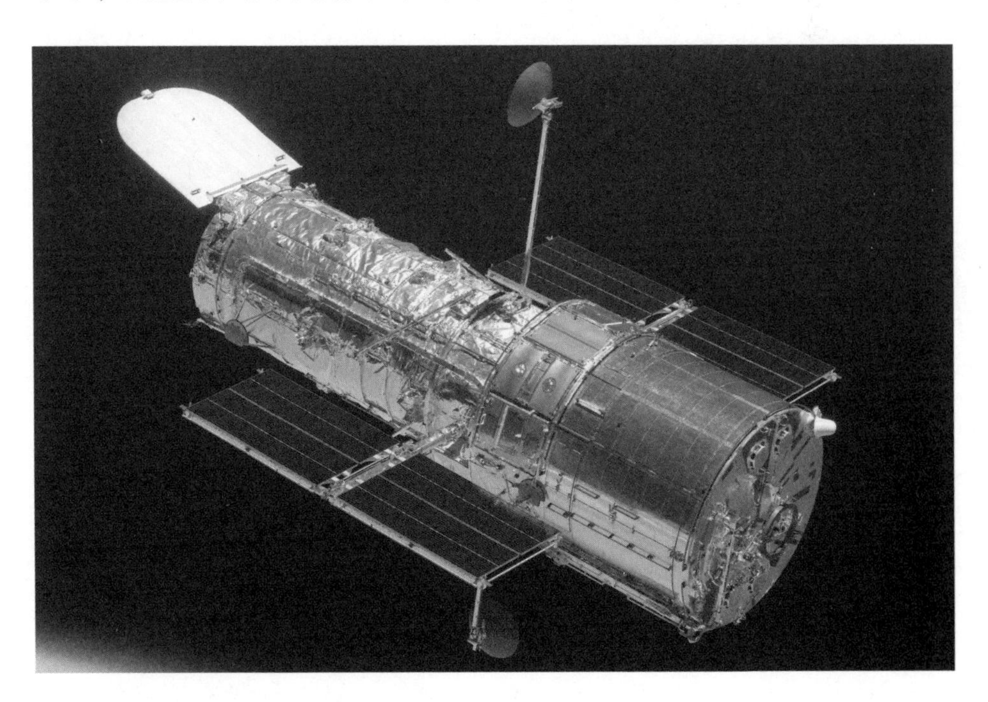

1990 年，美国国家航空航天局（NASA）发明了太空望远镜，为纪念哈勃的丰功伟绩，将其命名为“哈勃空间望远镜”。此外，小行星 2069、月球上的哈勃环形山均以他的名字来命名。

宇宙是无穷大的吗?

假若我们在茫茫大海中的一座孤岛上生活，而且跟外界失去联系，那么，我们所掌握的地理知识绝对是有限的。就算是用望远镜观测，也会受到海平面的约束。这就像生活在地球上的我们观测宇宙一样，没有办法真正认识到宇宙到底有多大。

我们的观测范围局限在地球及其周围的宇宙环境。人类可以看见宇宙的一部分，并不能观测到宇宙的全部，它的全部范围只能在已有的科学水平和认知基础上去推测。

时至今日，人类通过最先进的天文设备能观测到 100 多亿光年

以外的天体，但是依然无法发现宇宙的边缘。因此相当多的天文学家认为宇宙是无限的，不存在边界和中心。

但是也有一部分科学家认为宇宙是有限的，宇宙起源于大爆炸，自宇宙产生至今的时间是有限的，而且宇宙膨胀的速度是一定的，所以宇宙一定有固定的大小。

总之，宇宙的范围到底有多大，是有限的还是无限的，至今仍然还是一个谜。随着人类航天技术的发展和天文学家研究的不断深入，这一天文学难题终将会得到答案。

有关宇宙的古诗词

从古至今，人们对宇宙都一直抱有好奇心，常常畅想遨游太空，在广袤的时空中审视自己，摆脱自身的局限，同时也留下不少美妙的诗句和词句。

《登敬亭山南望怀古赠窦主簿》（节选）

唐 李白

羽化骑日月，云行翼鸳鸾。
下视宇宙间，四溟（míng）皆波澜。

《清平乐·五月十五夜玩月·其二》

宋 刘克庄

风高浪快，万里骑蟾背。
曾识姮（héng）娥真体态。素面元无粉黛。

身游银阙（què）珠宫。俯看积气蒙蒙。
醉里偶摇桂树，人间唤作凉风。

《小孤山》

宋 谢枋（fāng）得

人言此是海门关，海眼无涯骇（hài）众观。
天地偶然留砥（dǐ）柱，江山有此障狂澜（lán）。
坚如勇士专场立，危比孤臣末世难。
明日登峰须造极，渺观宇宙我心宽。

《登嘉州凌云寺作》（节选）

唐 岑（cén）参

寺出飞鸟外，青峰戴朱楼。
搏壁跻半空，喜得登上头。
殆知宇宙阔，下看三江流。
天晴见峨眉，如向波上浮。

《旅夜书怀》

唐 杜甫

细草微风岸，危樯独夜舟。
星垂平野阔，月涌大江流。
名岂文章著，官应老病休。
飘飘何所似，天地一沙鸥。

《自叙》

唐 杜荀鹤

酒瓮琴书伴病身，熟谙（ān）时事乐于贫。
宁为宇宙闲吟客，怕作乾坤窃禄人。
诗旨未能忘救物，世情奈值不容真。
平生肺腑无言处，白发吾唐一逸人。

上面这些诗词，充满了古人对宇宙的想象和赞美，不知道你读出来了吗？

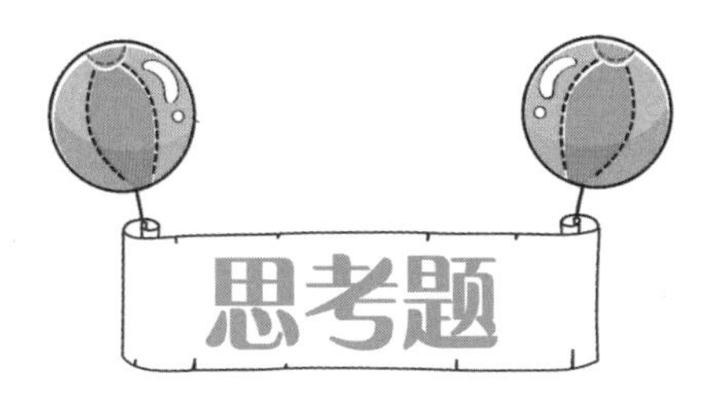

1. 假设宇宙是一个有边际的巨大空间，那么你认为宇宙之外会有什么？会不会存在一个更大的宇宙呢？

2. 宇宙中有超过万亿颗类似太阳这样能发光发热的恒星，为什么夜空还是黑色的呢？

7 破月衔高岳，流星拂晓空

——流星是如何产生的？

“破月衔高岳，流星拂晓空。”出自唐代诗人杨凝的《行思》一诗，全诗为：

千里岂云去，欲归如路穷。人间无暇日，马上又秋风。
破月衔高岳，流星拂晓空。此时皆在梦，行色独匆匆。

诗词赏析

译文：千里之远怎能像云一样飘过去？回家的路好像没有尽头。人生没有空闲的时候，很快秋天就要到来。残月笼罩在高山上，流星在清晨划过。此时人们都在睡梦中，而我一个人匆匆行走在路上。

《行思》是一首五言律诗，描绘了诗人独自行走在回家路上的所见和所感，表达出一种归家心切的思绪。诗中对自然景色的描写非常细腻，笼罩高山的月亮、划过星空的流星，给人以梦幻般的意境之美。

诗人小档案

杨凝

杨凝（？—803），字懋功，虢州弘农（今河南灵宝市）人，唐代诗人。生年不详，其兄为杨凭，其弟为杨凌，唐大历年间兄弟三人都考中进士，被称赞为“三杨”，与其兄杨凭在朝中任职。杨凝的文辞水平很高，著有文集二十卷，被《新唐书·艺文志》收录传于世。

诗词中的哲理

虽然说杨凝在唐代诗人中并不算特别出名，但这首《行思》却是一首值得品读的佳作，他把人在归途中急切和复杂的心情描绘得淋漓尽致。诗中最后的“此时皆在梦，行色独匆匆”，展现出诗人独自行走在路上的洒脱，颇有一种“万人皆醉我独醒”的韵味。

我们每个人都应该有目标或理想，这固然很好。但你要知道的是，实现这些目标和理想的道路都不会是一帆风顺的，不仅需要花大量的时间和精力，而且还需要经常忍受孤独。所以，当你在前进的路上感到困难的时候，不妨读一读杨凝的《行思》。

诗中写道：“破月衔高岳，流星拂晓空。”这里的“破月”可不是说破烂的月亮，而是指残月，回想我们之前关于月球的介绍，你应该知道残月是什么了吧？

说到流星，同学们都很喜欢，因为流星不仅美丽，而且还有传说，对着流星许愿可以实现愿望。当然，传说并不是科学。那么，从科学的角度来讲，流星是一种什么星星呢？

流星是什么？

浩瀚的星空下，当成群的流星以璀璨的姿态划过天际，消失在天边时，我们不禁被这一奇景深深吸引。流星是星星吗？流星到底是什么呢？它又是怎样发光的呢？

流星是太阳系内碎石、尘粒等星际间物质（流星体）进入地球大气，由于冲击、摩擦生热，发生了燃烧所产生的光迹，流星体就是造成流星现象的“罪魁祸首”。

流星现象产生的具体原因是怎样的呢？其实流星体最初是围绕太阳运动的，在靠近地球的时候，地球引力的作用会使得流星体被地球吸引，从而进入地球大气层，高速的运动使得它与大气摩擦燃烧产生光迹。因此流星和流星体是两种完全不同的概念，同学们千万不能搞混。

每一次的流星雨看起来都璀璨耀眼而美丽，它们的形成是由于彗星挥发和遗散的碎小物质形成流星群，当地球遇到流星群密集区，观测到的流星激增，也就是我们说的流星雨。我们可以想象一下，宇宙空间中的一颗与地球距离很远的小天体掉落的碎屑中或许还会有相对比较大的物质，由于地球的吸引，进入地球大气层与大气摩擦和冲撞，燃烧的残余掉落到地面还是很危险的。

流星和陨石有什么关系?

若流星体在大气中未完全燃烧的话，就会落到地面，成为我们所说的“陨星”或者“陨石”，这就是我们常说的“天外来客”。

陨石是太阳系空间中的物质，因此它的到来给我们传递了很多太阳系中的天体从古至今的演化信息。

我们并不希望大质量的宇宙空间物质与地球的碰撞，假如宇宙空间中的小天体直径在 10 千米以上，那么当它撞击地球时造成的破坏也许会像给恐龙带来灭绝的灾难那样，人类的安全将受到极大的威胁。

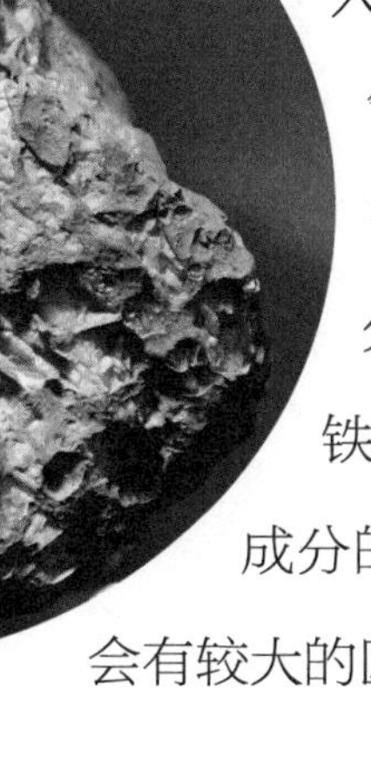

但小陨石坠落却是受人欢迎的，它们具有极大的科研价值，也逐渐走入了收藏领域。每天进入地球大气层的流星体的数量非常庞大。按照主要化学成分这个标准去划分，陨石大致可以分为石陨石、铁陨石和石铁陨石三大类型。由于成分的不同，因此它们的结构、密度会有较大的区别。

彗星为什么又叫“扫帚星”？

在夜空中，偶尔会出现一条扫帚似的天体，古人称之为“扫帚星”，那么它到底是什么呢？

其实那是拖着一条长尾巴的彗星。彗星的称呼是从希腊文演变而来的，寓意是长发星的意思，而在我国文化中的“彗”则指的是“扫帚”。

在我国古代，因为彗星的形状像扫帚，因此被称为“扫帚星”。而且“扫帚星”在我国古代代表着不祥的事情。因此当彗星出现时，人类就会认为战争、瘟疫等灾难将要到来。随着科学的不断发展和人们认知水平的提高，我们知道古人的这种观点是错误的。

彗星也是宇宙中的小天体，它的特点是体积不固定，质量非常小。彗星的主要组成包括了冰、冷凝气体（氨、甲烷、一氧化碳、二氧化碳等）和尘埃颗粒，有人形象地比喻它是个“脏雪球”。

彗星的组成部分包括彗头和彗尾。最初科学家认为彗头可分为彗核和彗发两部分。后来通过对彗星近距离的观测，发现彗头不仅有彗核和彗发，其实还有彗云，而彗云存在于彗星的外表面，它的主要成分是氢原子。

彗星的彗尾是在不断变化的，当彗星与太阳的距离逐渐近到一定程度时，彗星尾巴就出现了，随着距离的减小彗星尾巴会由小变大并变长。而当彗星与太阳的距离逐渐增大的时候，彗尾就会慢慢地变小，达到一定距离之后就会消失。

彗星的彗头大小又是怎样变化的呢？ 其实这也与彗星和太阳之间的距离有关。当彗星与太阳距离较远时，彗头体积就会相对较小；而随着与太阳的距离越来越近，彗头会逐渐变大。

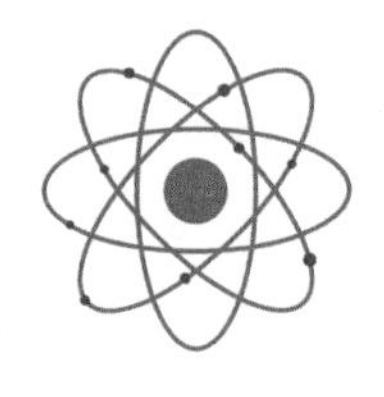

遇见科学家：哈雷

人们已经发现的彗星有 1600 多颗，但是肉眼能看到的却很少，用望远镜每年也只能看到 20 多颗。在所有彗星当中，最大也是最容易观测的要算哈雷彗星了。这颗彗星出现的周期为 76 年，是由一位叫哈雷的英国天文学家推算得出的，因此被叫作哈雷彗星。

埃德蒙·哈雷（1656—1742），出生于英国伦敦，他是英国天文学家、地球物理学家、数学家，曾任牛津大学几何学教授和第二任格林尼治天文台台长。

哈雷出生在一个富裕的家庭里，他的父亲是一位肥皂商，这让哈雷从小就能接受比较好的教育，并且他在数学方面也表现出很好的天赋，而且从小就对天文探索充满着浓厚的兴趣。

20 岁时，哈雷放弃了牛津大学王后学院的学位，而是凭着兴趣去圣赫勒纳岛建立了一座天文台。在那里，哈雷仔细观测天象，编制了第一个南天星表，弥补了天文学界原来只有北天星表的不足。哈雷的这个南天星表包括了 341 颗恒星的黄道坐标和星图，它于 1679 年出版，当时他才 23 岁。

当然，哈雷最为出名的一点，就是准确地预测了一颗彗星的回归时间。这是怎么回事儿呢？

在 1680 年，哈雷观测到了当年出现的一颗大彗星，这让他由此对彗星产生了浓厚的兴趣。接下来，哈雷在整理彗星观测记录的过程中，发现 1682 年有一颗彗星的轨道数据，与 1607 年开普勒观测的数据，以及 1531 年阿皮安（一位德国天文学家）观测到的彗星数据相似，他发现这三颗彗星出现的间隔都是 75~76 年。这难道是一种巧合吗？

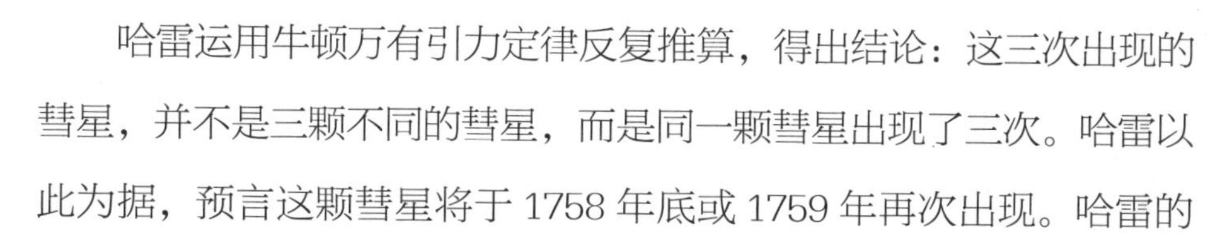

哈雷运用牛顿万有引力定律反复推算，得出结论：这三次出现的彗星，并不是三颗不同的彗星，而是同一颗彗星出现了三次。哈雷以此为据，预言这颗彗星将于 1758 年底或 1759 年再次出现。哈雷的预测引起了轰动，有人嘲笑他是在胡言乱语，也有人对他的预测将信将疑，但人们都很好奇：这颗彗星真的会出现吗？

1759 年 3 月，全世界的天文台都在等待哈雷预言的这颗彗星出现。果然，到了 3 月 13 日，这颗明亮的彗星拖着长长的尾巴出现在星空中。不过遗憾的是，哈雷已于 1742 年逝世，未能亲眼看到。

于是，天文学界决定将这颗彗星命名为哈雷彗星，以纪念他在天文学上的贡献。根据哈雷的计算，这颗彗星将于 1835 年和 1910 年再次回归，结果，这颗彗星都如期而至。

哈雷是个不同凡响的人物，除了在天文学取得巨大成就外，在数学方面，他对高等几何、对数计算和三角函数也有精深的研究。此外，在地球物理学方面，他首先发现了信风，还绘制成北纬 30° 到南纬 30° 的信风和季风分布图。而且特别有趣的是，我们今天能够看到的牛顿的著作，还得要感谢哈雷。这是为什么呢？

1684 年 8 月，哈雷前往剑桥大学和牛顿讨论开普勒行星定律的证明。牛顿表示，他在一篇论文中已经解决该问题，遗憾的是该论文未公开发表，原稿也不知所踪。在哈雷的敦促下，牛顿花了两年时间写完了《自然哲学的数学原理》的原稿。

《自然哲学的数学原理》完成之后，牛顿所在的皇家学会因为经费不足表示无法出版，牛顿当时也认为就算该书出版了，可能也卖不出去。哈雷深知牛顿这本书的伟大，于是他慷慨解囊为牛顿提供资助，这部科学史上最伟大的著作于 1687 年问世。可以说，哈雷用另一种方式，为这个世界作出了卓越的贡献。

星云就是天空中的云吗？

一年四季，我们都有可能看到天空中飘浮的云。云经常以不同的形状出现，总会引起我们无尽的遐想。那么，这些云跟星空中的星云有什么关系？天文学中常说的星云，就是云吗？

事实上，星云和我们平时看到的在空中的一朵朵白云是完全不同的。大气层上的水滴或冰晶聚合在一起形成的才是云，而且云是地球上的水循环形成的。而星云是一种天体，主要由太阳系以外宇宙空间中的气体和尘埃组成，它存在于星系内以及星系之间的空间当中。因为它的外形跟云雾类似，所以就被形象地称为星云。

星云的明暗与形状很大程度上与星云的组成成分有关。由于气体和尘埃在不同星云中的含量不同，因此星云就有了明暗的变化，而且形状也各不相同。星云里的物质其实有着很小的密度，星云中有些地方接近真空。因此星云的体积是巨大的，比太阳系大许多倍，质量也常常很大。

星云的分类有着不同的标准，按照明亮程度这个标准进行划分，星云可以分为亮星云和暗星云。在形状上星云有弥漫星云、行星状星云等。弥漫星云像它的名称一样，是一个形状很不规则的天体。行星状星云就像一层一层的烟圈，而在它的中心往往有一颗很亮的恒星，行星状星云的出现象征着恒星已到晚年。

星云和恒星有着一定的关系，星云在内部引力作用下可形成恒星，而恒星的气体又是星云的组成部分，因此星云和恒星在一定的条件下是可以互相转化的。

星际物质指的是什么物质？

我们生活在银河系这个大家园中，除了地球外还有很多的天体。天体之间也存在着一定的联系，那么天体之间都有些什么联系呢？

恒星之间存在着大量星际气体、星际尘埃和各种各样的星际云，这些恒星之间的物质就是星际物质。在银河系当中，星际物质的总质量大约可以占到银河系可见物质总质量的 10%，而且在不同区域中，星际物质密度也有着很大的区别。

分布在星际间的尘埃有着特殊的作用，它们可以阻挡恒星的紫外线辐射，那样的话星际分子就不会分解，它们同时又可以作为一种催化剂，对于星际分子的形成起着一定的加速作用。而且星际尘埃能产生星际消光这样的现象，它们对星光有吸收和散射的作用，星光因此就会减弱。星际消光也与波长有关，一般来说，随着波长（如蓝光和紫外光）减小，星际消光变得更加严重。这是因为较小的波长更容易被吸收和散射。由于蓝光和紫外光强度降低，星光的颜色会偏向红色，这种现象也被称作星际红化。

行星际物质是行星际空间中的气体和尘埃的总称。行星际空间虽然看起来很空旷，漫无边际，但并不是真空的，一些稀薄的气体和非常少量的尘埃都极不规则地分布在这个空间当中。

这些气体和尘埃主要来自太阳风，还有极少量的尘埃来自彗星、小行星、流星碎裂瓦解的物质。

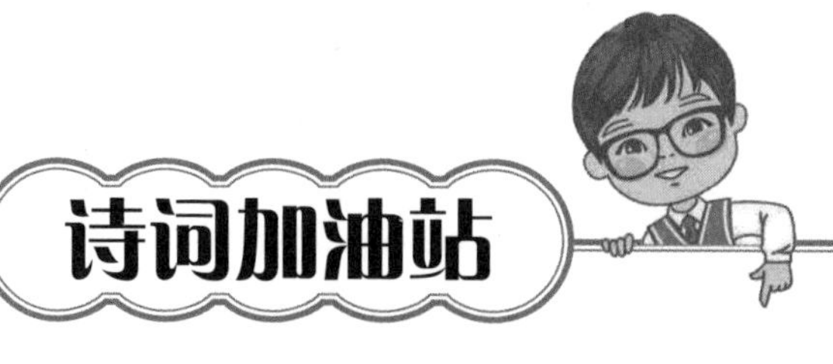

描绘流星的诗词

晴朗的夜空，流星划过，不仅充满浪漫的色彩，而且也为古代诗人和词人提供了创作灵感，留下很多美妙的诗词。

《宿山寺》

唐 贾岛

众岫（xiù）耸寒色，精庐向此分。
流星透疏木，走月逆行云。
绝顶人来少，高松鹤不群。
一僧年八十，世事未曾闻。

《侠客行》（节选）

唐 李白

赵客缦（màn）胡缨，吴钩霜雪明。
银鞍照白马，飒（sà）沓（tà）如流星。
十步杀一人，千里不留行。
事了拂衣去，深藏身与名。

《棋》

唐 裴（péi）说

十九条平路，言平又崄（xiǎn）巇（xī）。
人心无算处，国手有输时。
势迥（jiǒng）流星远，声干下雹迟。
临轩才一局，寒日又西垂。

《从军行》

宋 张玉娘

三十遴（lín）骁勇，从军事北荒。
流星飞玉弹（dàn），宝剑落秋霜。
书角吹杨柳，金山险马当。
长驱空朔漠，驰捷报明王。

《季夏雨过小有秋气》

宋 刘攽（bān）

雨过犹长夏，秋深从洞庭。
江涵郭门白，山到戍楼青。
天意怜卑湿，吾谋有醉醒。
柴门夜不掩，高枕看流星。

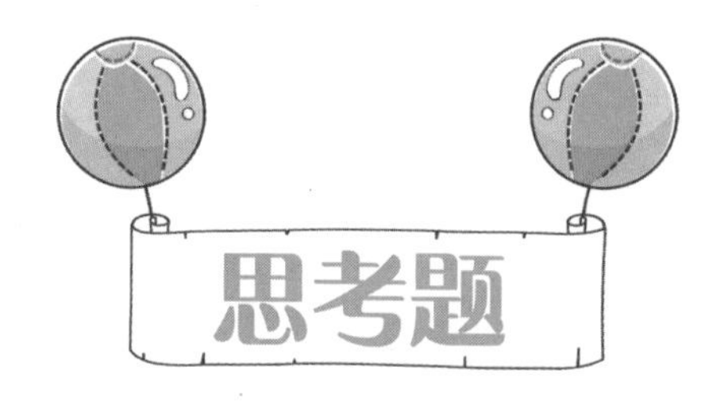

1. 如果有人问你“流星是星星吗”，根据我们所学的内容，你应该如何给他解释呢？

2. 每天进入地球大气层的流星体那么多，为何我们很少看到陨石砸伤人的新闻呢？

8 他时定是飞升去，冲破秋空一点青
——人类是如何飞到太空的？

“他时定是飞升去，冲破秋空一点青。”这句诗出自唐代诗人韩湘的《答从叔愈》，全诗为：

举世都为名利醉，伊予独向道中醒。

他时定是飞升去，冲破秋空一点青。

诗词赏析

译文：即使世上所有的人都在追名逐利，那我也要独自清醒。有朝一日，一定会冲破秋天的天空，飞到天上去。

这首诗是一首言志诗，风格大气豪迈，字里行间充满了力量，表达了诗人不愿和别人一样被名利所束缚，而是要追求更高的境界。

诗人小档案

韩湘

韩湘，字北渚，生于唐德宗贞元十年(794年)，是唐代文学家、思想家、哲学家韩愈的侄孙。历史记载，韩湘于唐穆宗长庆三年(823年)中进士，官至大理寺丞，可谓功成名就。

诗词中的哲理

从诗题可以看出，这首诗是韩湘写给韩愈的，表达了自己志存高远的人生目标，以及要闯出一片天地的决心。

纵观历史，我们不难发现，很多伟大的人，都是在目标的驱动下走向成功的。有了目标作为指引，我们在前进的道路上就有了动力，就有了方向，更能发挥出我们的潜能。对于未来，你是否已经给自己设定好了目标呢？如果你已经找好了方向，那就努力吧。

诗中写道：“他时定是飞升去，冲破秋空一点青。”作者用“飞上天”表明了一种实现抱负的决心，对于科技不发达的古人来说，虽然很难实现“飞上天”这一点，若真要有这样的想法的确令人敬佩。

随着科学技术的发展，现在的人类不仅可以凭借飞机实现空中飞行，而且还可以借助火箭，将卫星、空间站和航天飞机送到太空中。那么你知道火箭是如何工作的吗？

为什么说火箭的故乡在中国？

我们国家的航天事业在世界上处于先进水平，其中很关键的一点就是火箭发射的成功率很高。提到火箭，我们可以自豪地说，它的故乡在中国。

“火箭”这一名称，最早出现在我国的三国时期，主要用于两军作战。不过，那个时代兵士们使用的火箭只是在箭杆上绑上易燃引火物，点燃后借助弓弩的力量射向目标，这还不是我们现代所指的火箭。我们所说的火箭，是借助自身携带的助燃剂和燃料，依靠燃料充分燃烧产生的气体喷射的反作用力而向前推进飞行器，它跟火药的发明有着密不可分的关系。

唐朝时，我国已经发明了火药。据传，北宋时期的军官冯继升造出了世界上第一个以火药为动力的飞行兵器——火箭。这种原始火箭的工作原理与现代火箭是一致的。可以说，在火箭技术方面，我国古代就曾有过辉煌的历史。

公元 12 世纪中期，在我国民间广为流行的能高飞的“火流星”（亦称“起火”），实际就是世界上最早的观赏性火箭。公元 13 世纪以后，我国的火箭兵器在战争中得到大力发展和改进，并发明出许多与现代火箭类型相近的火箭形式。到了 13 世纪中叶，蒙古人和阿拉伯人把我国的火箭技术传向了欧洲及世界其他国家和地区。

可以说，我国古代火药和火箭的发明，为日后人类航天探索的发展奠定了基础。

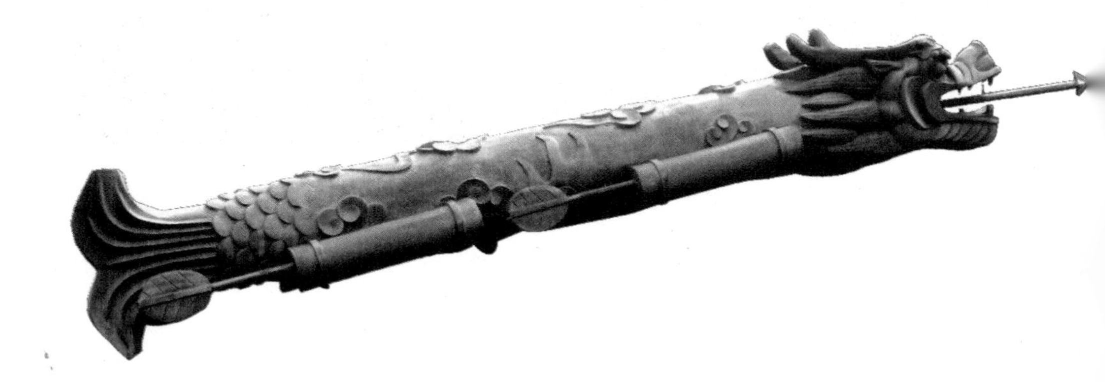

谁是第一个尝试飞天的人？

“他时定是飞升去，冲破秋空一点青。”虽说古代的科学技术并不发达，但并不妨碍古人对“飞天”充满期望，并付诸行动。

元末明初，有一位做万户的官员对我国古人发明的火药和火箭特别感兴趣。万户的本名叫陶成道，他一直在思考如何利用这两种具有巨大推力的东西，将人送上天空，去亲眼领略高空中的壮美景象。

万户发明了一种飞行座椅，在座椅下面紧连着一个特制的木架，木架上依次安装着 47 支巨型火箭。有一天，万户坐在座椅上，手持两个大风筝，命人点燃 47 支火箭，试图借助火箭的推力和风筝上升的力量飞向太空。万户考虑到借助风筝上升的力量飞向前方，这在当时人们的认知条件下，是很少有人能想到的。尽管试验的结果失败了，他也因此献出生命，但他的这种探索精神令人钦佩。

为了纪念万户，国际天文学联合会在 20 世纪 70 年代举行的一次大会上，将月球上一座环形山命名为“万户”，以纪念“第一个试图利用火箭作飞行的人”。他也被世界公认为“真正的航天始祖”。

飞到太空需要多快的速度？

当我们看到火箭升空，除了听到巨大的声响，还看到火箭以极快的速度推进， 很快就变成一个小点消失在空中。那么火箭要想飞出大气层，究竟得有多快的速度呢？

我们都知道战斗机的飞行速度已经很快了，但即使让火箭按照最快的战斗机的速度来飞，那火箭也是肯定飞不出大气层的。火箭受到地心引力的影响，等到燃料耗尽，就会掉下来。

火箭是靠自身携带的燃料经过充分燃烧后喷出的气体所产生的反作用力助推前进的，火箭前进的速度跟燃料燃烧产生的气体的喷射速度成正比。火箭要达到很高的飞行速度，需要携带大量的燃料。

在飞行途中，火箭会不断分离解体，以减轻重量，这也就是为什么一般发射的火箭都是多级火箭。

根据科学家计算，如果速度达到 7.9 千米 / 秒，就能使火箭冲出大气层，这个速度叫第一宇宙速度（如果小于这个速度，它就会被地心引力拉回来）。同时，加上地球自转的帮忙：尽可能接近赤道，并将火箭升空的飞行方向设定为从西向东，就可以利用地球自转的速度（约 463 米 / 秒），加快火箭的速度。

当火箭以第一宇宙速度飞行时，它可以绕地球做圆周运动而不会掉落地面。这时，按照地面工作人员的指令，最后一级火箭与航天器分离，运载的人造卫星或宇宙飞船就可以自主飞行了。

有第一宇宙速度就会有第二宇宙速度和第三宇宙速度。地球上的物体要脱离地球引力场成为环绕太阳运动的“人造行星”，需要的最小速度是第二宇宙速度（脱离速度）。第二宇宙速度为 11.2 千米 / 秒，这个速度，成为我们可以登上月球或火星等太阳系内其他行星的必要条件。

但如果我们还想去看看太阳系外面有什么，就要用到第三宇宙速度了。这个速度又叫作“逃逸速度”，是指在地球上发射的物体摆脱太阳引力场束缚，飞出太阳系所需的最小初始速度，为 16.7 千米 / 秒。

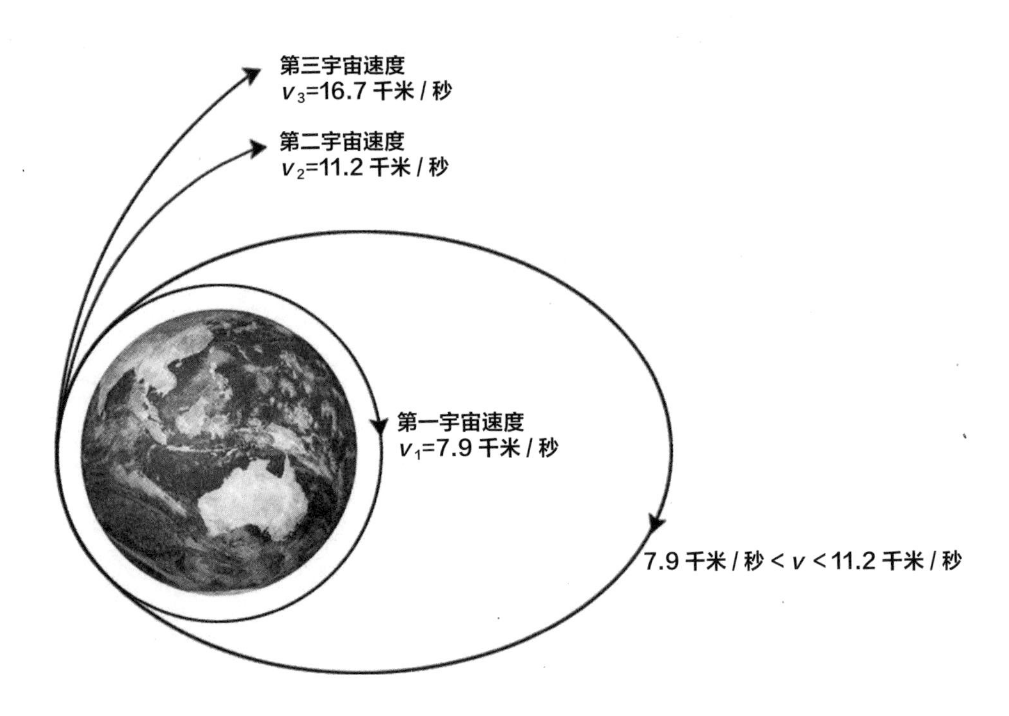

遇见科学家：戈达德

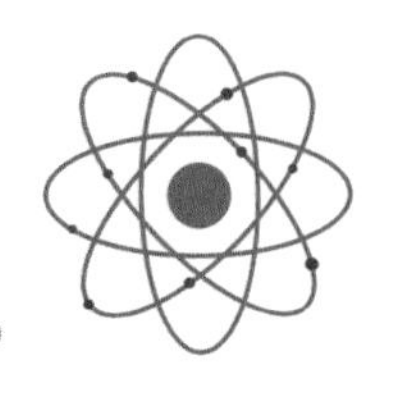

说起戈达德，可能很多同学都会感到陌生：这个人是谁呢？罗伯特·戈达德（1882—1945）是真正的“现代火箭技术之父”，他发射了人类第一枚液体燃料火箭。

戈达德出生于美国马萨诸塞州的伍斯特，生来体弱多病，甚至无法像其他孩子那样进行体育运动。而且也是因为健康原因，戈达德经常休学，这导致了他22岁才高中毕业。

虽然他没有一个健壮的体魄，但是他有一个聪明的头脑，戈达德从小就喜欢读书，特别是天文知识、科幻小说一类的读物。15岁左右，他萌生了一个梦想，在未来会有一台机器能把人带出地球，飞到另外的星球上面去。

年少的戈达德还期待着自己驾驶着这台机器，在天空中飞行。为了实现自己的梦想，戈达德更加努力地学习，最终进入了克拉克大学学习。

戈达德在读大学的第三个年头，就写了一篇论文，提出使用固体或液态燃料，推动火箭前进，实现太空旅行。但是这篇论文遭到了全美所有科学期刊的拒绝，因为在那个时代，莱特兄弟刚刚发明了飞机，人们觉得戈达德的想法无异于天方夜谭。

但这次失败并没有打击“追梦少年”戈达德的信念，反而增加了他的决心。在获得了博士学位后，戈达德选择留在克拉克大学担任物理学教授，这也让他能有更多的时间和机会实现自己的梦想。让人惊讶的一点是，戈达德从高中毕业到成为大学教授，只用了7年时间。

随着研究的深入，戈达德意识到液氢和液氧是理想的火箭推进剂。在随后的几年里，他进一步确信用他的方法一定会把人送入太空。

1919年，戈达德出版了他的名著《到达极大高度的方法》，开创了航天飞行和人类飞向其他行星的时代。他最先研制使用由液氧和汽油作为液态燃料的火箭发动机，并在1926年3月16日，成功地在马萨诸塞州沃德农场发射了世界上第一枚液体火箭。这枚火箭长约3.4米，发射时重量为4.6千克，空重（除去燃料的重量）为2.6千克。飞行延续了约2.5秒，最高高度为12米，飞行距离为56米。

这是一次了不起的成功，不仅具有划时代的历史意义，而且也吸引到了美国航空界先驱人物林白的注意。林白在考察戈达德的实验和计划后，立即帮他筹到了 5 万美元。这在当时可是一笔不小的数目，对于极其缺少研究经费的戈达德来说，如同雪中送炭一般。

有了第一次发射火箭的成功和资金的支持，戈达德更加努力地研究火箭技术，并且尝试使用各种液体燃料来改善火箭发射时的推力和燃烧效率。到了 1930 年 12 月 30 日，戈达德研制出一枚新的液体火箭，并取得了发射成功，这枚火箭飞行高度达到了 610 米，飞行速度达到 800 千米 / 时，打破了以往的火箭飞行纪录。

1931 年，他在火箭发射试验中，首先采用了现代火箭目前仍在使用的程序控制系统。

1932 年，他首开先河，用燃气舵控制火箭的飞行方向。同年，他首次解决了用陀螺仪控制火箭飞行姿态的问题。

1935 年，戈达德研制的液体火箭最大射程已达到 20 千米，飞行时速更是超过了 1100 千米。戈达德一生共获得了 214 项专利，其中包括多项与火箭技术相关的发明，这些发明为人类现代火箭升空奠定了坚实的基础。

在人类火箭发展史上，戈达德是无所匹敌的，在液体火箭的设计、建造和发射上，他走在了每一个人的前面，而正是液体火箭的出现铺平了空间探索的道路。

火箭为什么能在真空中飞行?

航天员的生活、工作环境必须有空气，而地球大气层外是接近真空的环境，因此，科学家们在航天器里布置了一个有氧的环境供航天员使用。我们知道火箭在飞出大气层后它的速度越来越快，这是怎么回事呢？这是因为它的发动机和我们见到的汽车、飞机的发动机不一样。

火箭自带推进剂（燃料和氧化剂），靠发动机喷出的气体的反作用力前进，它的动力不需要空气支撑。只要火箭携带了充足的推进剂，那么在外太空，它可以凭借燃料的化学反应产生强大的推动力继续前进，而且没有了空气阻力的影响，火箭的速度反而能更快。

而飞机上所使用的空气喷气发动机，燃料在燃烧时所需要的氧气主要从大气中获取，因而只能在大气层中工作。飞机都有个极限高度，当空气稀薄到无法给机翼提供足够的支撑力时，飞机就不能再上升了。

但是，火箭是绝对不能同时依靠这两种类型完全不同的发动机进入太空的，这不仅不能节省燃料，而且还会造成很严重的事故。

如果你将来成为航天员，就可以乘坐火箭进入太空，体验那种极限速度了。

航天飞机是如何飞向太空的?

航天飞机是像普通的飞机或战斗机那样起飞的吗?

事实上，航天飞机的起飞是和运载火箭绑在一起垂直升空的，而不是像普通飞机那样在跑道上起飞。为什么航天飞机的起飞方式如此独特呢?

其实,这么独特的起飞方式和航天飞机的动力系统有很大关系。航天飞机发动机的最高速度是冲不出大气层的,所以必须求助火箭。

当航天飞机发射时，机身上绑缚着巨大的燃料箱，还有两枚助推火箭。上升到几十千米的高空时，两枚燃料耗尽的助推火箭与航天飞机实现分离。不过你也不用担心，完成任务的航天飞机是可以回收的。

当其上升到 100 多千米的高度时，航天飞机会断然抛弃庞大的外燃料箱，这时它本身的动力系统才足以把它送上既定轨道。航天飞机携带的燃料只能用于本身的姿态控制和返航的需要。进入轨道前的飞行，就要靠火箭来助推，火箭完成了使命后，就与航天飞机脱离，使航天飞机保持较小的体积和重量。

航天飞机本身非常重，挂了那么多“附件”后当然无法像飞机那样水平滑跑起飞，而且它受到的空气阻力也远远超过大型飞机。助推火箭发动机只能短时间工作，由火箭和航天飞机的发动机共同达到第一宇宙速度。

因此，航天飞机必须在最初一两分钟里垂直上升，尽快冲出低层大气层。航天飞机只能在发射台上升空，并且每次飞行器升空后发射台要进行重新装配，短期内不能多次重复使用，这也是一个很大的弊端。也许在不远的未来，航天飞机会被更先进的空天飞机所取代。

与航天飞机相比，空天飞机更胜一筹，在地面上它能够像普通飞机一样水平起飞，然后自主直接飞向太空，并在地球外层空间的既定轨道上运行，最后还能自行返回地面，在机场安全降落。空天飞机完成一次飞行任务后，经过一周左右的维护时间就能再次执行飞行任务。未来，人们可以像坐飞机一样搭乘空天飞机进行宇宙旅行。

关于飞天的古诗词

从古至今，人们都充满了对于飞天的向往，也由此诞生了诸如“嫦娥奔月”之类的神话传说，而在古诗词中，也有不少关于飞天成仙的描绘。

《弄玉词二首》

唐 鲍溶

素女结念飞天行，白玉参（cēn）差（cī）凤凰声，
天仙借女双翅猛。
五灯绕身生，入烟去无影。
三清弄玉秦公女，嫁得天上人。
琼箫碧月唤朱雀，携手上谒（yè）玉晨君。
夫妻同寿，万万青春。

《水调歌头·明月几时有》（节选）

宋 苏轼

明月几时有？把酒问青天。
不知天上宫阙，今夕是何年。
我欲乘风归去，又恐琼楼玉宇，高处不胜寒。
起舞弄清影，何似在人间。

《鹧（zhè）鸪（gū）天·竹粉吹香杏子丹》

宋 朱敦儒

竹粉吹香杏子丹。
试新纱帽纻（zhù）衣宽。
日长几案琴书静，地僻池塘鸥鹭闲。
寻汗漫，听潺（chán）湲（yuán）。
淡然心寄水云间。
无人共酌松黄酒，时有飞仙暗往还（huán）。

《立春日晓望三素云》

唐 李季何

霭霭（ǎi）青春曙（shǔ），飞仙驾五云。
浮轮初缥缈，承盖下氤（yīn）氲（yūn）。
薄影随风度，殊容向日分。
羽毛纷共远，环珮杳（yǎo）犹闻。
静合烟霞色，遥将鸾（luán）鹤群。
年年瞻（zhān）此节，应许从元君。

《九锁山十咏·其八》

宋 王易简

岚阴四围合，涧水数折流。
试手翻碧海，卷雨来青虬（qiú）。
静躁为人役，蓄泄同神谋。
长歌亭上诗，飞仙不可留。
倚栏天风寒，问信骑鲸游。

在这些关于飞天的诗词中，你是否感觉到了古人无穷的想象力呢？

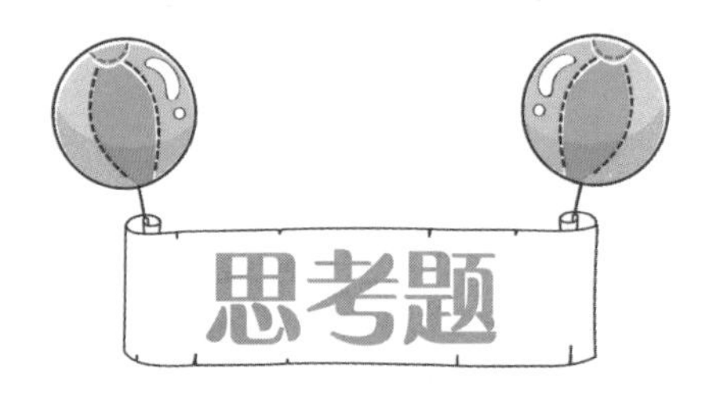

1. 如果你在未来能够成为一名宇航员，你最想探索宇宙哪个地方？为什么？

2. 人类已经向太空中发射了数千颗人造卫星，你知道这些卫星都有哪些用途吗？你可以查阅资料，来了解一下。